中华人民共和国住房和城乡建设部

古建筑修缮工程消耗量定额

TY 01-01(03)-2018

第一册 唐式建筑

中国计划出版社

2018 北 京

图书在版编目（CIP）数据

古建筑修缮工程消耗量定额：TY01-01(03)-2018.
第一册，唐式建筑 / 西安市古代建筑工程公司主编. --
北京：中国计划出版社，2018.11
ISBN 978-7-5182-0951-4

Ⅰ．①古… Ⅱ．①西… Ⅲ．①古建筑—修缮加固—工
程施工—消耗定额 Ⅳ．①TU723.34

中国版本图书馆CIP数据核字(2018)第249300号

古建筑修缮工程消耗量定额
TY 01－01（03）－2018

第一册　唐式建筑
西安市古代建筑工程公司　主编

中国计划出版社出版发行
网址：www.jhpress.com
地址：北京市西城区木樨地北里甲 11 号国宏大厦 C 座 3 层
邮政编码：100038　电话：(010) 63906433（发行部）
北京汇瑞嘉合文化发展有限公司印刷

880mm×1230mm　1/16　12.25 印张　337 千字
2018 年 11 月第 1 版　2018 年 11 月第 1 次印刷
印数 1—4000 册

ISBN 978-7-5182-0951-4
定价：68.00 元

主编部门：中华人民共和国住房和城乡建设部

批准部门：中华人民共和国住房和城乡建设部

施行日期：2 0 1 8 年 1 2 月 1 日

住房城乡建设部关于印发
古建筑修缮工程消耗量定额的通知

建标〔2018〕81 号

各省、自治区住房城乡建设厅，直辖市建委，国务院有关部门：

为健全工程计价体系，满足古建筑修缮工程计价需要，服务古建筑保护，我部组织编制了《古建筑修缮工程消耗量定额》（编号为 TY 01 -01(03) -2018），现印发给你们，自 2018 年 12 月 1 日起执行。执行中遇到的问题和有关建议请及时反馈我部标准定额司。

《古建筑修缮工程消耗量定额》由我部标准定额研究所组织中国计划出版社出版发行。

中华人民共和国住房和城乡建设部

2018 年 8 月 28 日

总　说　明

一、《古建筑修缮工程消耗量定额》共分三册,包括:第一册　唐式建筑,第二册　宋式建筑,第三册　明、清官式建筑。

二、《古建筑修缮工程消耗量定额》(以下简称本定额)是完成规定计量单位分部分项工程、措施项目所需的人工、材料、施工机械台班的消耗量标准,是各地区、部门工程造价管理机构编制古建筑修缮工程定额确定消耗量,编制国有投资工程投资估算、设计概算、最高投标限价的依据。

三、本定额适用于按照古建筑传统工艺做法和质量要求进行施工的唐、宋、明、清古建筑修缮工程。不适用于新建、扩建的仿古建筑工程。对于实际工程中所发生的某些采用现代工艺做法的修缮项目,除各册另有规定外,均执行《房屋修缮工程消耗量定额》TY 01 - 41 - 2018 相应项目及有关规定。

四、本定额是依据古建筑相关时期的文献、技术资料,国家现行有关古建筑修缮的法律、法规、安全操作规程、施工工艺标准、质量评定标准,《全国统一房屋修缮工程预算定额　古建筑分册》GYD - 602 - 95 等相关定额标准,在正常的施工条件、合理的施工组织设计及选用合格的建筑材料、成品、半成品的条件下编制的。在确定定额水平时,已考虑了古建筑修缮工程施工地点分散、现场狭小、连续作业差、保护原有建筑物及环境设施等造成的不利因素的影响。本定额各项目包括全部施工过程中的主要工序和工、料、机消耗量,次要工序或工作内容虽未一一列出,但均已包括在定额内。

五、关于人工:

1. 本定额的人工以合计工日表示,并分别列出普工、一般技工和高级技工的工日消耗量。

2. 本定额人工包括基本用工、超运距用工、辅助用工和人工幅度差。

3. 本定额每工日按 8 小时工作制计算。

六、关于材料:

1. 本定额采用的材料(包括构配件、零件、半成品、成品)均为符合国家质量标准和相应设计要求的合格产品。

2. 本定额中的材料包括施工中消耗的主要材料、辅助材料、周转材料和其他材料。

3. 本定额中材料消耗量包括净用量和损耗量。损耗量包括:从工地仓库、现场集中堆放地点(或现场加工地点)至操作(或安装)地点的施工场内运输损耗、施工操作损耗、施工现场堆放损耗等。

4. 本定额中的周转性材料按不同施工方法,不同类别、材质计算出一次摊销量进入消耗量定额。

5. 用量少、低值易耗的零星材料列为其他材料。

七、关于机械:

1. 本定额结合古建筑工程以手工操作为主配合中小型机械的特点,选配了相应施工机械。

2. 本定额的机械台班消耗量是按正常机械施工工效并考虑机械幅度差综合取定。

3. 凡单位价值在 2000 元以内、使用年限在一年以内不构成固定资产的施工机械,未列入机械台班消耗量,可作为工具用具在建筑安装工程费的企业管理费中考虑。

4. 本定额除部分章节外均未包括大型机械,凡需使用定额之外的大型机械的应根据工程实际情况按各地区有关规定执行。

八、本定额使用的各种灰浆均以传统灰浆为准,各种灰浆均按半成品消耗量以体积表示,如实际使用的灰浆品种与定额不符,可按照各册传统古建筑常用灰浆配合比表进行换算。

九、本定额所使用的木材是以第一、二类木材中的红、白松木为准,分别表现原木、板方材、规格料,其中部分定额项目中的"样板料"为板方材,实际工程中如使用硬木,应按照相应章节说明相关规定执行。

十、本定额部分章节中的细砖砌体项目包含了砖件砍制加工的人工消耗量,如实际工程中使用已经砍制好的成品砖料,应扣除砍砖工消耗量,砖件用量乘以系数0.93。

十一、本定额所列拆除项目是以保护性拆除为准,包含了原有材料的清理、整修、分类码放以满足工程继续使用的技术要求。

十二、本定额修缮项目均包括搭拆操作高度在3.6m以内的非承重简易脚手架。

十三、本定额未考虑工程水电费,各地区结合当地情况自行确定。

十四、本定额是以现场水平运距300m以内,建筑物檐高在20m以下为准编制的。其檐高计算起止点规定如下:

1.檐高上皮以正身飞椽上皮为准,无飞椽的量至檐椽上皮。

2.檐高下皮规定如下:

(1)无月台或月台外边线在檐头外边线以内者,檐高由自然地坪量至最上一层檐头。

(2)月台边线在檐头外边线以外或城台、高台上的建筑物,檐高由台上皮量至最上一层檐头。

十五、本定额注有"××以内"或"××以下"者,均包括××本身;"××以外"或"××以上"者,则不包括××本身。

十六、凡本说明未尽事宜,详见各册、章说明和附录。

古建筑面积计算规则

一、计算建筑面积的范围：

(一)单层建筑不论其出檐层数及高度如何,均按一层计算面积,其中:

1.有台明的按台明外围水平面积计算。

2.无台明有围护结构的以围护结构水平面积计算,围护结构外有檐廊柱的,按檐廊柱外边线水平面积计算,围护结构外边线未及构架柱外边线的,按构架柱外边线计算,无台明无围护结构的按构架柱外边线计算。

(二)有楼层分界的两层及以上建筑,不论其出檐层数如何,均按自然结构楼层的分层水平面积总和计算面积。其中:

1.首层建筑面积按上述单层建筑的规定计算。

2.二层及以上各层建筑面积按上述单层建筑无台明的规定计算。

(三)单层建筑或多层建筑的自然结构楼层间,局部有楼层或内回廊的,按其水平投影面积计算。

(四)碉楼、碉房、碉台式建筑内无楼层分界的,按一层计算面积。有楼层分界的按分层累计计算面积。其中:

1.单层或多层碉楼、碉房、碉台的首层有台明的按台明外围水平面积计算,无台明的按围护结构底面外围水平面积计算。

2.多层碉楼、碉房、碉台的二层及以上楼层均按各层围护结构底面外围水平面积计算。

(五)两层及以上建筑构架柱外有围护装修或围栏的挑台建筑,按构架柱外边线至挑台外边线之间水平投影面积的1/2计算面积。

(六)坡地建筑、邻水建筑及跨越水面建筑的首层构架柱外有围栏的挑台,按首层构架柱外边线至挑台外边线之间的水平投影面积的1/2计算面积。

二、不计算建筑面积的范围：

(一)单层或多层建筑中无柱门罩、窗罩、雨棚、挑檐、无围护装修或围栏的挑台、台阶等。

(二)无台明建筑或两层及以上建筑突出墙面或构架柱外边线以外部分,如墀头、垛等。

(三)牌楼、影壁、实心或半实心的砖、石塔。

(四)构筑物,如月台、圜丘、城台、院墙及随墙门、花架等。

(五)碉楼、碉房、碉台的平台。

册　说　明

一、《古建筑修缮工程消耗量定额》第一册　唐式建筑(以下简称本册定额)包括石作工程、砌体工程、地面工程、屋面工程、木构件、铺作工程、木装修、金属构件、彩画工程及脚手架工程共 10 章 993 个子目。

二、本册定额适用于以唐式建筑为主,按传统工艺、工程做法和质量要求进行施工的古建筑修缮工程、保护性异地迁建工程、局部复建工程。

三、本册定额是依据唐式建筑的有关文献、技术资料、施工验收规范,结合近年古建筑修缮工程实践编制的。

四、本册定额建筑垃圾外运按《房屋修缮工程消耗量定额》TY 01 - 41 - 2018 相应项目及相关规定执行。在施工现场外集中加工的砖件、石制品、木构件回运到施工现场所需的运输费用按第三册　《明、清官式建筑》第九章"场外运输"相应项目及相关规定执行。

五、本册定额所列的材料用量只列出了主要材料消耗量,用量少、低值易耗的零星材料包含在其他材料费中,定额子目中凡列出其他材料费的按材料费的百分比计算,未列出其他材料费的按相应人工费的百分比计算。

目　录

第一章　石 作 工 程

说明 …………………………………… (3)

工程量计算规则 ……………………… (4)

一、台基、地面、勾栏 ………………… (5)

  1. 台基、地面、勾栏石构件拆除 …… (5)

  2. 台基及地面石构件制作 …………… (7)

  3. 勾栏石构件制作 ………………… (11)

  4. 台基、地面、勾栏石构件安装 …… (13)

二、石灯 ……………………………… (15)

  1. 石灯拆除 ………………………… (15)

  2. 石灯制作 ………………………… (17)

  3. 石灯安装 ………………………… (19)

第二章　砌 体 工 程

说明 …………………………………… (25)

工程量计算规则 ……………………… (26)

砌体工程 ……………………………… (27)

第三章　地 面 工 程

说明 …………………………………… (35)

工程量计算规则 ……………………… (36)

地面工程 ……………………………… (37)

第四章　屋 面 工 程

说明 …………………………………… (43)

工程量计算规则 ……………………… (44)

屋面工程 ……………………………… (45)

第五章　木 构 件

说明 …………………………………… (57)

工程量计算规则 ……………………… (58)

一、木构件制作 ……………………… (59)

  1. 柱类制作 ………………………… (59)

  2. 额、枋制作 ……………………… (60)

  3. 梁类制作 ………………………… (62)

  4. 蜀柱(侏儒柱)、驼峰、半驼峰、托脚、

    叉手制作 ………………………… (68)

  5. 大角梁、子角梁制作 …………… (69)

二、木构件安装 ……………………… (70)

  1. 柱类安装 ………………………… (70)

  2. 额、枋安装 ……………………… (71)

  3. 梁类安装 ………………………… (72)

  4. 蜀柱、驼峰、半驼峰、托脚、叉手安装 …… (82)

  5. 大角梁、子角梁安装 …………… (82)

第六章　铺 作 工 程

说明 …………………………………… (85)

工程量计算规则 ……………………… (86)

一、铺作制作 ………………………… (87)

二、铺作安装 ………………………… (95)

三、铺作附件制作 …………………… (104)

四、铺作分件制作 …………………… (105)

五、襻间、平棊铺作安装 …………… (111)

第七章　木 装 修

说明 …………………………………… (115)

工程量计算规则 ……………………… (116)

木装修 ……………………………… (117)

第八章　金 属 构 件

说明 …………………………………… (131)

工程量计算规则 ……………………… (132)

金属饰件 …………………………… (133)

第九章　彩 画 工 程

说明 …………………………………… (137)

工程量计算规则 ……………………… (138)

铺作展开面积表说明 ……………… (139)

铺作展开面积表工程量计算规则 ……… (140)

三等材铺作展开面积表 …………… (141)

一、衬地 …………………………… (143)

二、唐代卷草纹彩画 ……………… (144)

第十章　脚 手 架 工 程

说明 …………………………………… (149)

工程量计算规则 ……………………… (151)

脚手架工程 ………………………… (152)

附　录

传统古建筑常用灰浆配合比表 ……… (175)

第一章 石作工程

说 明

本章包括台基、地面、勾栏及石灯,共 2 节 179 个子目。

一、工作内容:

1. 石构件拆除包括准备工具、搭拆、挪移小型起重架,拆卸并运至场内指定地点,堆放、清理废弃物及现场监护,必要支顶等全部内容。

2. 石构件制作包括选料、弹线、剔凿成型、露明面细加工(剁斧、砸花锤、打道或雕刻),做接头缝、并缝或榫卯。

3. 石构件安装包括调制各种灰浆,修整接头缝、并缝或榫卯,就位、垫塞稳定、灌浆及搭拆挪移小型起重架。

4. 石构件制作、安装均包括准备工具、搭拆烘炉、修理工具,原材料及成品、半成品场内运输、清理废弃物等。

二、统一性规定及说明:

1. 本章定额是以使用青白石等普坚石制作为准,若用花岗岩制作人工乘以系数 1.35。

2. 勾栏构件均按传统工艺榫接的,其制作、安装是按其组成分件分项编列子目,以适应实际工程中的不同组合方式。

3. 斗子瘿项蜀柱制作、安装均包括斗和瘿项蜀柱。

工程量计算规则

　　一、本章定额各子目的工程量计算均以成品净尺寸为准,有图示者按图示尺寸计算,无图示者按原有实物计算。

　　二、土衬、叠涩石、隔身板柱、角柱、压阑石、柱础、勾栏盆唇、地栿、望柱、寻杖、间柱均按"m³"计算。

　　三、隔身板按垂直投影面积计算。

　　四、垂带墁道均按上面长乘以宽以"m²"为单位计算。

　　五、勾片棂格分不同厚度按垂直投影面积计算。

　　六、斗子蜀项蜀柱以斗和蜀柱总高分档按份计算。

　　七、石灯构部件均按"m³"计算,其中:

　　1.石灯帽按方柱体计算,其底边长以檐长为准,高按宝顶上皮至檐下皮垂直高度计算。

　　2.莲瓣灯座按图示直径和高以圆柱体积计算。

　　3.方锥台灯身按图示方柱体积计算,方柱体灯身按图示方柱体积计算。

　　4.须弥座按方柱体计算,不扣除束腰等凹进部分的体积。

　　5.灯框按图示外围尺寸计算,不扣除掏空部分的体积。

一、台基、地面、勾栏

1. 台基、地面、勾栏石构件拆除

工作内容：准备工具、搭拆、挪移小型起重架，拆卸并运至场内指定地点，堆放、清理
废弃物及现场监护，必要支顶等全部内容。

计量单位：m³

定　额　编　号			1-1-1	1-1-2	1-1-3	1-1-4	1-1-5	1-1-6
项　　　目			拆条形石构件	拆土衬石	拆地栿	拆叠涩石	拆角柱、间柱	拆压阑石
名　　称		单位	消　耗　量					
人工	合计工日	工日	6.000	5.400	5.400	8.225	6.000	8.704
	石工　普工	工日	2.400	2.160	2.160	3.290	2.400	3.482
	石工　一般技工	工日	2.700	2.430	2.430	3.701	2.700	3.916
	石工　高级技工	工日	0.900	0.810	0.810	1.234	0.900	1.306

工作内容：准备工具、搭拆、挪移小型起重架，拆卸并运至场内指定地点，堆放、清理
废弃物及现场监护，必要支顶等全部内容。

计量单位：m²

定　额　编　号			1-1-7	1-1-8	1-1-9	1-1-10
项　　　目			拆隔身板	拆莲瓣方整石(厚)		拆莲瓣方石副子、墁道
				8cm 以内	12cm 以内	
名　　称		单位	消　耗　量			
人工	合计工日	工日	0.540	1.670	5.020	6.349
	石工　普工	工日	0.216	0.668	2.008	2.540
	石工　一般技工	工日	0.243	0.752	2.259	2.857
	石工　高级技工	工日	0.081	0.250	0.753	0.952

工作内容:准备工具、搭拆、挪移小型起重架,拆卸并运至场内指定地点,堆放、清理
废弃物及现场监护,必要支顶等全部内容。

计量单位:m³

定 额 编 号		1-1-11	1-1-12	1-1-13	1-1-14	1-1-15	1-1-16
项　　　目		拆盆唇(厚)		拆圆望柱、寻仗(直径)		拆间柱(宽)	
		15cm 以内	15cm 以外	15cm 以内	15cm 以外	20cm 以内	20cm 以外
名　　　称	单位	消　耗　量					
合计工日	工日	12.750	8.010	6.750	6.660	6.480	4.950
人工 石工 普工	工日	5.100	3.204	2.700	2.664	2.592	1.980
石工 一般技工	工日	5.737	3.604	3.037	2.997	2.916	2.227
石工 高级技工	工日	1.913	1.202	1.013	0.999	0.972	0.743

工作内容:准备工具、搭拆、挪移小型起重架,拆卸并运至场内指定地点,堆放、清理
废弃物及现场监护,必要支顶等全部内容。

计量单位:m²

定 额 编 号		1-1-17	1-1-18	1-1-19	1-1-20	1-1-21	1-1-22
项　　　目		拆勾片棂格(棂厚)				拆斗子瘿项蜀柱(高)	
						15cm 以内	15cm 以外
		5cm 以内	10cm 以内	15cm 以内	20cm 以内	份	
名　　　称	单位	消　耗　量					
合计工日	工日	0.310	0.640	0.950	1.260	0.100	0.500
人工 石工 普工	工日	0.124	0.256	0.380	0.504	0.040	0.200
石工 一般技工	工日	0.140	0.288	0.427	0.567	0.045	0.225
石工 高级技工	工日	0.046	0.096	0.143	0.189	0.015	0.075

2.台基及地面石构件制作

工作内容:选料、弹线、剔凿成型、露明面细加工(剁斧、砸花锤、打道或雕刻),做接头缝、
并缝或榫卯。修理工具,原材料及成品、半成品场内运输,清理废弃物等。　计量单位:m³

定　额　编　号		1-1-23	1-1-24	1-1-25	1-1-26	1-1-27	1-1-28
项　　目		土衬制作(高)			叠涩石制作(露棱)		
		15cm 以内	20cm 以内	20cm 以外	5cm 以内	7.5cm 以内	10cm 以内
名　　称	单位	消　耗　量					
人工	合计工日	工日	28.674	22.940	16.621	32.417	23.618	19.278
	石工 普工	工日	7.169	5.735	4.155	4.863	3.543	2.892
	石工 一般技工	工日	18.638	14.911	10.804	24.313	17.714	14.459
	石工 高级技工	工日	2.867	2.294	1.662	3.241	2.361	1.927
材料	青白石	m³	1.4323	1.3542	1.2713	1.6252	1.4724	1.3973
	其他材料费(占材料费)	%	2.00	2.00	2.00	2.00	2.00	2.00

工作内容:选料、弹线、剔凿成型、露明面细加工(剁斧、砸花锤、打道或雕刻),做接头缝、
并缝或榫卯。修理工具,原材料及成品、半成品场内运输,清理废弃物等。　计量单位:m²

定　额　编　号		1-1-29	1-1-30	1-1-31	1-1-32	1-1-33
项　　目		隔身板(陡板)制作(厚)				
		5cm 以内	7.5cm 以内	10cm 以内	12.5cm 以内	15cm 以内
名　　称	单位	消　耗　量				
人工	合计工日	工日	7.721	6.062	4.860	6.041	6.097
	石工 普工	工日	1.158	0.909	0.729	0.906	0.915
	石工 一般技工	工日	5.791	4.547	3.645	4.531	4.572
	石工 高级技工	工日	0.772	0.606	0.486	0.604	0.610
材料	青白石	m³	0.1112	0.1380	0.1499	0.1916	0.2194
	其他材料费(占材料费)	%	2.00	2.00	2.00	2.00	2.00

工作内容:选料、弹线、剔凿成型、露明面细加工(剁斧、砸花锤、打道或雕刻),做接头缝、
　　　　并缝或榫卯。修理工具,原材料及成品、半成品场内运输,清理废弃物等。　　计量单位:m²

定　额　编　号		1-1-34	1-1-35	1-1-36	1-1-37	1-1-38	1-1-39
项　　　　目		壶门雕刻					
		内无雕刻(投影面积)			内雕减地平鈒人物、花卉(投影面积)		
		0.5m²以内	1.00m²以内	1.50m²以内	0.5m²以内	1.00m²以内	1.50m²以内
名　　称	单位	消　耗　量					
人工 合计工日	工日	8.778	7.266	6.720	66.885	56.602	55.748
石工 普工	工日	0.878	0.727	0.672	6.689	5.660	5.575
石工 一般技工	工日	7.022	5.813	5.376	53.508	45.282	44.598
石工 高级技工	工日	0.878	0.726	0.672	6.688	5.660	5.575
材料 其他材料费(占人工费)	%	2.00	2.00	2.00	2.00	2.00	2.00

工作内容:选料、弹线、剔凿成型、露明面细加工(剁斧、砸花锤、打道或雕刻),做接头缝、
　　　　并缝或榫卯。修理工具,原材料及成品、半成品场内运输,清理废弃物等。　　计量单位:m³

定　额　编　号		1-1-40	1-1-41	1-1-42	1-1-43
项　　　　目		隔身板柱(间柱)制作	角柱制作	压阑石制作(厚)	
				15cm以内	20cm以内
名　　称	单位	消　耗　量			
人工 合计工日	工日	27.692	32.074	53.984	40.502
石工 普工	工日	6.923	8.019	13.496	10.126
石工 一般技工	工日	18.000	20.848	35.090	26.326
石工 高级技工	工日	2.769	3.207	5.398	4.050
材料 青白石	m³	1.4132	1.4132	1.6480	1.5017
其他材料费(占材料费)	%	2.00	2.00	2.00	2.00

工作内容:选料、弹线、剔凿成型、露明面细加工(剁斧、砸花锤、打道或雕刻),做接头缝、
并缝或榫卯。修理工具,原材料及成品、半成品场内运输,清理废弃物等。　　计量单位:m³

定 额 编 号			1-1-44	1-1-45	1-1-46	1-1-47	1-1-48
项　　　　目			莲瓣柱础制作(柱顶边长)				
			60cm 以内	70cm 以内	80cm 以内	90cm 以内	100cm 以内
名　　　称		单位	消　耗　量				
人工	合计工日	工日	149.688	116.425	116.425	90.720	90.720
	石工 普工	工日	14.969	11.642	11.642	9.072	9.072
	石工 一般技工	工日	119.750	93.140	93.140	72.576	72.576
	石工 高级技工	工日	14.969	11.643	11.643	9.072	9.072
材料	青白石 单体0.25m³ 以内	m³	1.3653	1.3082	—	—	—
	青白石 单体0.5m³ 以内	m³	—	—	1.3082	—	—
	青白石 单体0.75m³ 以内	m³	—	—	—	1.2382	1.2382
	其他材料费(占材料费)	%	2.00	2.00	2.00	2.00	2.00

工作内容:选料、弹线、剔凿成型、露明面细加工(剁斧、砸花锤、打道或雕刻),做接头缝、
并缝或榫卯。修理工具,原材料及成品、半成品场内运输,清理废弃物等。　　计量单位:m³

定 额 编 号			1-1-49	1-1-50	1-1-51	1-1-52	1-1-53
项　　　　目			莲瓣柱础制作 (柱顶边长)		素柱础制作(柱顶边长)		
			110cm 以内	120cm 以内	50cm 以内	60cm 以内	70cm 以内
名　　　称		单位	消　耗　量				
人工	合计工日	工日	72.575	72.575	33.340	27.702	21.579
	石工 普工	工日	7.257	7.257	5.001	4.155	3.237
	石工 一般技工	工日	58.060	58.060	25.005	20.777	16.184
	石工 高级技工	工日	7.258	7.258	3.334	2.770	2.158
材料	青白石 单体1m³ 以内	m³	1.1922	—	—	—	—
	青白石 单体1m³ 以外	m³	—	1.1922	—	—	—
	青白石 单体0.25m³ 以内	m³	—	—	1.4732	1.3651	1.3083
	其他材料费(占材料费)	%	2.00	2.00	2.00	2.00	2.00

工作内容:选料、弹线、别凿成型、露明面细加工(剁斧、砸花锤、打道或雕刻),做接头缝、
并缝或榫卯。修理工具,原材料及成品、半成品场内运输,清理废弃物等。　　计量单位:m³

定　额　编　号			1-1-54	1-1-55	1-1-56	1-1-57	1-1-58
项　　　目			素柱础制作(柱顶边长)				
			80cm 以内	90cm 以内	100cm 以内	110cm 以内	120cm 以内
名　　　称		单位	消　耗　量				
人工	合计工日	工日	21.579	16.719	16.719	13.181	13.122
	石工 普工	工日	3.237	2.508	2.508	1.977	1.968
	石工 一般技工	工日	16.184	12.539	12.539	9.886	9.842
	石工 高级技工	工日	2.158	1.672	1.672	1.318	1.312
材料	青白石 单体 0.5m³ 以内	m³	1.3082	—	—	—	—
	青白石 单体 0.75m³ 以内	m³	—	1.2382	1.2382	—	—
	青白石 单体 1m³ 以内	m³	—	—	—	1.1763	—
	青白石 单体 1m³ 以外	m³	—	—	—	—	1.1922
	其他材料费(占材料费)	%	2.00	2.00	2.00	2.00	2.00

工作内容:选料、弹线、别凿成型、露明面细加工(剁斧、砸花锤、打道或雕刻),做接头缝、
并缝或榫卯。修理工具,原材料及成品、半成品场内运输,清理废弃物等。　　计量单位:m²

定　额　编　号			1-1-59	1-1-60	1-1-61	1-1-62	1-1-63
项　　　目			莲瓣方石板制作(厚)				
			4cm 以内	6cm 以内	8cm 以内	10cm 以内	12cm 以内
名　　　称		单位	消　耗　量				
人工	合计工日	工日	36.176	36.757	37.471	38.395	39.662
	石工 普工	工日	3.618	3.676	3.747	3.840	3.966
	石工 一般技工	工日	28.941	29.406	29.977	30.716	31.730
	石工 高级技工	工日	3.617	3.675	3.747	3.839	3.966
材料	青白石	m³	0.1123	0.1349	0.1566	0.1782	0.1998
	其他材料费(占材料费)	%	2.00	2.00	2.00	2.00	2.00

3. 勾栏石构件制作

工作内容:选料、弹线、剔凿成型、露明面细加工(剁斧、砸花锤、打道或雕刻),做接头缝、并缝或榫卯。修理工具,原材料及成品、半成品场内运输,清理废弃物等。　　　计量单位:m³

定 额 编 号			1-1-64	1-1-65	1-1-66	1-1-67	1-1-68	1-1-69	1-1-70
项　　　目			盆唇、地栿制作(厚)			圆望柱制作(直径)			
			10cm 以内	15cm 以内	15cm 以外	15cm 以内	20cm 以内	25cm 以内	25cm 以外
名　　称		单位	消　耗　量						
人工	合计工日	工日	139.181	84.441	67.683	228.662	148.925	131.712	110.054
	石工 普工	工日	34.795	21.110	16.921	34.299	22.339	19.757	16.508
	石工 一般技工	工日	90.468	54.887	43.994	171.497	111.694	98.784	82.541
	石工 高级技工	工日	13.918	8.444	6.768	22.866	14.892	13.171	11.005
材料	青白石 单体0.25m³ 以内	m³	2.1070	1.7113	—	1.5721	1.4461	1.3632	1.3091
	青白石 单体0.5m³ 以内	m³	—	—	1.7860	—	—	—	—
	其他材料费(占材料费)	%	2.00	2.00	2.00	2.00	2.00	2.00	2.00

工作内容:选料、弹线、剔凿成型、露明面细加工(剁斧、砸花锤、打道或雕刻),做接头缝、并缝或榫卯。修理工具,原材料及成品、半成品场内运输,清理废弃物等。　　　计量单位:m²

定 额 编 号			1-1-71	1-1-72	1-1-73	1-1-74	1-1-75	1-1-76	1-1-77
项　　　目			勾片棂格制作(棂厚)						
			5cm 以内	7.5cm 以内	10cm 以内	12.5cm 以内	15cm 以内	17.5cm 以内	20cm 以内
名　　称		单位	消　耗　量						
人工	合计工日	工日	17.738	19.572	21.392	23.058	25.144	25.872	27.020
	石工 普工	工日	2.661	2.936	3.209	3.459	3.772	3.881	4.053
	石工 一般技工	工日	13.304	14.679	16.044	17.294	18.858	19.404	20.265
	石工 高级技工	工日	1.773	1.957	2.139	2.305	2.514	2.587	2.702
材料	青白石	m³	0.1267	0.1466	0.1803	0.1991	0.2368	0.2494	0.2909
	其他材料费(占材料费)	%	2.00	2.00	2.00	2.00	2.00	2.00	2.00

工作内容:选料、弹线、剔凿成型、露明面细加工(剁斧、砸花锤、打道或雕刻),做接头缝、
　　　　并缝或榫卯。修理工具,原材料及成品、半成品场内运输,清理废弃物等。　　**计量单位:**m³

定　额　编　号			1-1-78	1-1-79	1-1-80	1-1-81	1-1-82	1-1-83
项　　　目			间柱制作(宽)				圆寻仗制作(直径)	
			15cm 以内	20cm 以内	25cm 以内	30cm 以内	15cm 以内	15cm 以外
名　　　称		单位	消　耗　量					
人工	合计工日	工日	172.144	119.700	87.094	68.208	103.285	73.500
	石工 普工	工日	43.036	29.925	21.774	17.052	20.657	14.700
	石工 一般技工	工日	111.894	77.805	56.611	44.335	72.300	51.450
	石工 高级技工	工日	17.214	11.970	8.709	6.821	10.328	7.350
材料	青白石	m³	2.1980	1.8777	1.6686	1.5429	1.6181	1.4751
	其他材料费(占材料费)	%	2.00	2.00	2.00	2.00	2.00	2.00

工作内容:选料、弹线、剔凿成型、露明面细加工(剁斧、砸花锤、打道或雕刻),做接头缝、
　　　　并缝或榫卯。修理工具,原材料及成品、半成品场内运输,清理废弃物等。　　**计量单位:**份

定　额　编　号			1-1-84	1-1-85	1-1-86	1-1-87
项　　　目			斗子瘿项蜀柱制作(高)			
			15cm 以内	20cm 以内	25cm 以内	30cm 以内
名　　　称		单位	消　耗　量			
人工	合计工日	工日	0.539	0.889	1.169	1.512
	石工 普工	工日	0.054	0.089	0.117	0.151
	石工 一般技工	工日	0.431	0.711	0.935	1.210
	石工 高级技工	工日	0.054	0.089	0.117	0.151
材料	青白石	m³	0.0059	0.0124	0.0175	0.0288
	其他材料费(占材料费)	%	2.00	2.00	2.00	2.00

4.台基、地面、勾栏石构件安装

工作内容: 调制灰浆,修整接头缝、并缝或榫卯,就位、垫塞稳定、灌浆及搭拆
挪移小型起重架,修理工具,原材料及成品、半成品场内运输,清理
废弃物等。

计量单位:m³

定 额 编 号			1-1-88	1-1-89	1-1-90	1-1-91	1-1-92	1-1-93
项 目			地栿安装	叠涩石安装	土衬石安装	角柱、间柱安装	压阑石安装	柱础安装
名 称		单位	消 耗 量					
人工	合计工日	工日	12.820	16.780	12.000	15.360	14.400	10.450
	石工 普工	工日	3.846	5.034	3.600	4.608	4.320	3.135
	石工 一般技工	工日	7.692	10.068	7.200	9.216	8.640	6.270
	石工 高级技工	工日	1.282	1.678	1.200	1.536	1.440	1.045
材料	素白灰浆	m³	0.4531	0.0332	0.4202	0.3401	0.3813	0.2682
	其他材料费(占材料费)	%	2.00	2.00	2.00	2.00	2.00	2.00

工作内容: 调制灰浆,修整接头缝、并缝或榫卯,就位、垫塞稳定、灌浆及搭拆
挪移小型起重架,修理工具,原材料及成品、半成品场内运输,清理
废弃物等。

计量单位:m²

定 额 编 号			1-1-94	1-1-95	1-1-96	1-1-97
项 目			隔身板安装	莲瓣方石板铺地面(厚)		莲瓣方石铺垂带、墁道
				8cm 以内	12cm 以内	
名 称		单位	消 耗 量			
人工	合计工日	工日	1.180	2.390	7.170	12.960
	石工 普工	工日	0.354	0.717	2.151	3.888
	石工 一般技工	工日	0.708	1.434	4.302	7.776
	石工 高级技工	工日	0.118	0.239	0.717	1.296
材料	铅板 δ3	kg	0.0351	—	—	—
	素白灰浆	m³	0.0440	0.0330	0.0510	0.0550
	其他材料费(占材料费)	%	2.00	2.00	2.00	2.00

工作内容:调制灰浆,修整接头缝、并缝或榫卯,就位、垫塞稳定、灌浆及搭拆
挪移小型起重架,修理工具,原材料及成品、半成品场内运输,清理
废弃物等。

计量单位:m³

定　额　编　号			1-1-98	1-1-99	1-1-100	1-1-101	1-1-102	1-1-103
项　　　目			圆望柱、寻仗安装(直径)		间柱安装(宽)		斗子瘿项蜀柱安装(高)	
			15cm 以内	15cm 以外	20cm 以内	20cm 以外	15cm 以内	15cm 以外
							份	
名　　　称		单位	消　耗　量					
人工	合计工日	工日	16.650	16.880	16.200	12.380	0.250	1.250
	石工 普工	工日	4.995	5.064	4.860	3.714	0.075	0.375
	石工 一般技工	工日	9.990	10.128	9.720	7.428	0.150	0.750
	石工 高级技工	工日	1.665	1.688	1.620	1.238	0.025	0.125
材料	铅板 δ3	kg	0.3600	0.3600	0.3600	0.3600	—	—
	素白灰浆	m³	0.0051	0.0033	0.0042	0.0031	—	—
	锯成材	m³	0.0051	0.0052	0.0051	0.0051	—	—
	其他材料费(占材料费)	%	2.00	2.00	2.00	2.00	—	—

工作内容:调制灰浆,修整接头缝、并缝或榫卯,就位、垫塞稳定、灌浆及搭拆
挪移小型起重架,修理工具,原材料及成品、半成品场内运输,清理
废弃物等。

计量单位:m²

定　额　编　号			1-1-104	1-1-105	1-1-106	1-1-107
项　　　目			勾片棂格安装(棂厚)			
			5cm 以内	10cm 以内	15cm 以内	20cm 以内
名　　　称		单位	消　耗　量			
人工	合计工日	工日	0.780	1.600	2.380	3.150
	石工 普工	工日	0.234	0.480	0.714	0.945
	石工 一般技工	工日	0.468	0.960	1.428	1.890
	石工 高级技工	工日	0.078	0.160	0.238	0.315
材料	铅板 δ3	kg	0.0400	0.0600	0.0700	0.0700
	素白灰浆	m³	0.0020	0.0020	0.0020	0.0020
	锯成材	m³	0.0010	0.0010	0.0010	0.0010
	其他材料费(占材料费)	%	2.00	2.00	2.00	2.00

二、石　灯

1.石 灯 拆 除

工作内容:准备工具,搭拆、挪移小型起重架,拆卸并运至场内指定地点,堆放、清理
废弃物及现场监护,必要支顶等全部内容。

计量单位:m³

定　额　编　号			1-1-108	1-1-109	1-1-110	1-1-111	1-1-112	1-1-113	1-1-114
项　　　目			石灯帽拆除(边长)				矩形石灯座拆除(边长)		
			50cm 以内	80cm 以内	100cm 以内	120cm 以内	55cm 以内	85cm 以内	105cm 以内
名　　称		单位	消　耗　量						
人工	合计工日	工日	33.337	16.811	12.757	12.146	1.842	1.142	0.638
	石工　普工	工日	8.334	4.203	3.190	3.037	0.461	0.286	0.160
	石工　一般技工	工日	21.669	10.927	8.292	7.895	1.198	0.743	0.415
	石工　高级技工	工日	3.334	1.681	1.275	1.214	0.184	0.114	0.063

工作内容:准备工具,搭拆、挪移小型起重架,拆卸并运至场内指定地点,堆放、清理
废弃物及现场监护,必要支顶等全部内容。

计量单位:m³

定　额　编　号			1-1-115	1-1-116	1-1-117	1-1-118	1-1-119	1-1-120	1-1-121
项　　　目			莲瓣灯座拆除(直径)				方锥台灯身拆除(最大截面)		
			40cm 以内	60cm 以内	80cm 以内	100cm 以内	30cm×30cm 以内	50cm×50cm 以内	80cm×80cm 以内
名　　称		单位	消　耗　量						
人工	合计工日	工日	8.775	5.751	3.926	3.114	15.210	7.420	4.508
	石工　普工	工日	2.194	1.438	0.982	0.778	3.802	1.855	1.127
	石工　一般技工	工日	5.704	3.738	2.552	2.024	9.886	4.823	2.930
	石工　高级技工	工日	0.878	0.575	0.392	0.311	1.521	0.742	0.450

工作内容:准备工具,搭拆、挪移小型起重架,拆卸并运至场内指定地点,堆放、清理废弃物及现场监护,必要支顶等全部内容。

计量单位:m³

定　额　编　号			1-1-122	1-1-123	1-1-124	1-1-125	1-1-126	1-1-127
项　　　目			方柱灯身拆除(边长)			石灯须弥座拆除(边长)		
			30cm以内	50cm以内	80cm以内	50cm以内	80cm以内	100cm以内
名　　称	单位		消　耗　量					
	合计工日	工日	9.576	3.304	1.613	2.654	1.445	1.114
人工	石工 普工	工日	2.394	0.826	0.403	0.664	0.362	0.278
	石工 一般技工	工日	6.225	2.148	1.048	1.726	0.939	0.725
	石工 高级技工	工日	0.957	0.330	0.162	0.265	0.144	0.111

工作内容:准备工具,搭拆、挪移小型起重架,拆卸并运至场内指定地点,堆放、清理废弃物及现场监护,必要支顶等全部内容。

计量单位:m³

定　额　编　号			1-1-128	1-1-129	1-1-130	1-1-131
项　　　目			石灯框拆除(边长)			
			30cm 以内	50cm 以内	70cm 以内	90cm 以内
名　　称	单位		消　耗　量			
	合计工日	工日	1.680	1.176	0.840	0.605
人工	石工 普工	工日	0.420	0.294	0.210	0.151
	石工 一般技工	工日	1.092	0.765	0.546	0.393
	石工 高级技工	工日	0.168	0.117	0.083	0.061

2.石灯制作

工作内容:选料、弹线、剔凿成型、露明面细加工(剁斧、砸花锤、打道或雕刻),做接头缝、
并缝或榫卯。修理工具,原材料及成品、半成品场内运输,清理废弃物等。 计量单位:m³

定 额 编 号		1-1-132	1-1-133	1-1-134	1-1-135
项 目		石灯帽(雕筒板瓦屋面)(边长)			
		50cm 以内	80cm 以内	100cm 以内	120cm 以内
名 称	单位	消 耗 量			
人工	合计工日	工日	466.659	287.454	256.967	206.998
	石工 普工	工日	116.665	71.863	64.242	51.750
	石工 一般技工	工日	303.329	186.845	167.029	134.549
	石工 高级技工	工日	46.666	28.746	25.697	20.700
材料	青白石	m³	1.3262	1.1602	1.1177	1.0583
	其他材料费(占材料费)	%	2.00	2.00	2.00	2.00

工作内容:选料、弹线、剔凿成型、露明面细加工(剁斧、砸花锤、打道或雕刻),做接头缝、
并缝或榫卯。修理工具,原材料及成品、半成品场内运输,清理废弃物等。 计量单位:m³

定 额 编 号		1-1-136	1-1-137	1-1-138	1-1-139
项 目		石灯框制作(边长)			
		30cm 以内	50cm 以内	70cm 以内	70cm 以外
名 称	单位	消 耗 量			
人工	合计工日	工日	336.946	141.310	113.047	84.784
	石工 普工	工日	84.237	35.328	28.262	21.196
	石工 一般技工	工日	219.015	91.852	73.481	55.110
	石工 高级技工	工日	33.694	14.130	11.305	8.478
材料	青白石 单体0.25m³ 以内	m³	1.7303	1.1315	—	—
	青白石 单体0.5m³ 以内	m³	—	—	1.0404	—
	青白石 单体0.75m³ 以内	m³	—	—	—	1.1243
	其他材料费(占材料费)	%	2.00	2.00	2.00	2.00

工作内容:选料、弹线、剔凿成型、露明面细加工(剁斧、砸花锤、打道或雕刻),做接头缝、
并缝或榫卯。修理工具,原材料及成品、半成品场内运输,清理废弃物等。　　计量单位:m³

定　额　编　号			1-1-140	1-1-141	1-1-142	1-1-143
项　　　目			莲瓣灯座制作(直径)			
			40cm 以内	60cm 以内	80cm 以内	100cm 以内
名　　称		单位	消　耗　量			
人 工	合计工日	工日	483.801	285.057	199.662	153.020
	石工 普工	工日	120.950	71.264	49.916	38.255
	石工 一般技工	工日	314.470	185.287	129.780	99.463
	石工 高级技工	工日	48.380	28.506	19.966	15.302
材 料	青白石	m³	1.8141	1.5432	1.4122	1.3363
	其他材料费(占材料费)	%	2.00	2.00	2.00	2.00

工作内容:选料、弹线、剔凿成型、露明面细加工(剁斧、砸花锤、打道或雕刻),做接头缝、
并缝或榫卯。修理工具,原材料及成品、半成品场内运输,清理废弃物等。　　计量单位:m³

定　额　编　号			1-1-144	1-1-145	1-1-146	1-1-147	1-1-148	1-1-149
项　　　目			矩形石灯座制作(边长)			方锥台灯身制作(最大截面)		
			55cm 以内	85cm 以内	105cm 以内	30cm×30cm 以内	50cm×50cm 以内	80cm×80cm 以内
名　　称		单位	消　耗　量					
人 工	合计工日	工日	32.805	20.552	16.442	45.752	26.544	15.243
	石工 普工	工日	8.202	5.138	4.110	11.438	6.636	3.811
	石工 一般技工	工日	21.323	13.359	10.687	29.739	17.254	9.908
	石工 高级技工	工日	3.280	2.054	1.644	4.574	2.654	1.524
材 料	青白石	m³	1.0931	0.9982	0.9653	1.1542	1.0231	0.9421
	其他材料费(占材料费)	%	2.00	2.00	2.00	2.00	2.00	2.00

工作内容:选料、弹线、剔凿成型、露明面细加工(剁斧、砸花锤、打道或雕刻),做接头缝、并缝或榫卯。准备工具,原材料及成品、半成品场内运输,清理废弃物等。 计量单位:m³

定 额 编 号			1-1-150	1-1-151	1-1-152	1-1-153	1-1-154	1-1-155
项 目			方柱灯身制作(边长)			石灯须弥座制作(边长)		
			30cm 以内	50cm 以内	80cm 以内	50cm 以内	80cm 以内	100cm 以内
名 称		单位	消 耗 量					
人 工	合计工日	工日	46.542	25.698	14.650	74.698	48.059	33.533
	石工 普工	工日	11.635	6.425	3.662	18.674	12.015	8.383
	石工 一般技工	工日	30.252	16.704	9.522	48.554	31.238	21.796
	石工 高级技工	工日	4.654	2.570	1.465	7.470	4.806	3.354
材 料	青白石 单体0.5m³ 以内	m³	1.1811	1.0305	0.9643	1.3292	—	—
	青白石 单体0.75m³ 以内	m³	—	—	—	—	1.1621	1.0932
	其他材料费(占材料费)	%	2.00	2.00	2.00	2.00	2.00	2.00

3.石 灯 安 装

工作内容:调制灰浆,修整接头缝、并缝或榫卯,就位、垫塞稳安、灌浆及搭拆挪移小型起重架。修理工具,原材料及成品、半成品场内运输,清理废弃物等。 计量单位:m³

定 额 编 号			1-1-156	1-1-157	1-1-158	1-1-159
项 目			石灯帽安装(边长)			
			50cm 以内	80cm 以内	100cm 以内	120cm 以内
名 称		单位	消 耗 量			
人 工	合计工日	工日	41.675	21.017	16.010	15.182
	石工 普工	工日	10.419	5.254	4.002	3.795
	石工 一般技工	工日	27.089	13.661	10.406	9.868
	石工 高级技工	工日	4.167	2.102	1.602	1.518
材 料	素白灰浆	m³	0.1133	0.1031	0.1031	0.1031
	其他材料费(占材料费)	%	2.00	2.00	2.00	2.00

工作内容:调制灰浆,修整接头缝、并缝或榫卯,就位、垫塞稳安、灌浆及搭拆
挪移小型起重架。修理工具,原材料及成品、半成品场内运输,清
理废弃物等。

计量单位:m³

定　额　编　号			1-1-160	1-1-161	1-1-162	1-1-163	1-1-164	1-1-165	1-1-166
项　　　目			莲瓣石灯座安装(直径)				矩形石灯座安装(边长)		
			40cm 以内	60cm 以内	80cm 以内	100cm 以内	55cm 以内	85cm 以内	105cm 以内
名　　称		单位	消　耗　量						
人工	合计工日	工日	20.418	13.345	9.122	7.258	2.778	1.882	1.411
	石工　普工	工日	5.105	3.336	2.281	1.814	0.694	0.470	0.353
	石工　一般技工	工日	13.271	8.674	5.930	4.718	1.806	1.223	0.918
	石工　高级技工	工日	2.042	1.334	0.912	0.726	0.278	0.188	0.141
材料	素白灰浆	m³	0.1123	0.1123	0.8463	0.0673	0.0649	0.0412	0.0328
	其他材料费(占材料费)	%	2.00	2.00	2.00	2.00	2.00	2.00	2.00

工作内容:调制灰浆,修整接头缝、并缝或榫卯,就位、垫塞稳安、灌浆及搭拆
挪移小型起重架。修理工具,原材料及成品、半成品场内运输,清
理废弃物等。

计量单位:m³

定　额　编　号			1-1-167	1-1-168	1-1-169	1-1-170	1-1-171	1-1-172
项　　　目			方锥台灯身安装(最大截面)			方柱灯身安装(边长)		
			30cm×30cm 以内	50cm×50cm 以内	80cm×80cm 以内	30cm 以内	50cm 以内	80cm 以内
名　　称		单位	消　耗　量					
人工	合计工日	工日	26.062	12.640	7.728	11.967	4.133	2.022
	石工　普工	工日	6.516	3.178	1.932	2.992	1.034	0.506
	石工　一般技工	工日	16.941	8.263	5.023	7.778	2.686	1.314
	石工　高级技工	工日	2.606	1.270	0.773	1.197	0.413	0.202
材料	素白灰浆	m³	0.0206	0.0134	0.0082	0.0412	0.0216	0.0134
	其他材料费(占材料费)	%	2.00	2.00	2.00	2.00	2.00	2.00

工作内容:调制灰浆,修整接头缝、并缝或榫卯,就位、垫塞稳安、灌浆及搭拆挪移小型起重架。修理工具,原材料及成品、半成品场内运输,清理废弃物等。

计量单位:m³

定　额　编　号		1-1-173	1-1-174	1-1-175	1-1-176	1-1-177	1-1-178	1-1-179
项　　目		石灯须弥座安装(边长)			石灯框安装(边长)			
		50cm 以内	80cm 以内	100cm 以内	30cm 以内	50cm 以内	70cm 以内	90cm 以内
名　　称	单位	消　耗　量						
合计工日	工日	6.160	3.354	2.587	3.696	2.486	1.680	1.344
人工 石工 普工	工日	1.540	0.838	0.647	0.924	0.622	0.420	0.336
石工 一般技工	工日	4.004	2.181	1.682	2.402	1.616	1.092	0.874
石工 高级技工	工日	0.616	0.335	0.258	0.370	0.249	0.168	0.134
材料 素白灰浆	m³	0.1586	0.1030	0.0824	0.0216	0.0156	0.0113	0.0082
其他材料费(占材料费)	%	2.00	2.00	2.00	2.00	2.00	2.00	2.00

第二章 砌体工程

说　明

本章包括磨砖对缝墙、压阑、地栿、间柱、角柱、叠涩,共 28 个子目。

一、工作内容:

包括挑选砖料砍制加工、调制灰浆、铺灰摆砌、勾抹砖缝及材料、半成品场内运输、清理废弃物等。

二、统一性规定及说明:

1.磨砖对缝墙用砖量已综合考虑了与里皮糙砖墙拉接的丁头砖用量在内。

2.压阑砖、地栿砖宽度是按一砖考虑的。

3.间柱宽是按看面一顺一丁、小面一砖考虑的。

4.砖砌隔身板执行磨砖对缝墙定额。

5.糙砖部分按具体情况套用宋和明、清分册相应子目。

6.定额中砖的规格见下表。

单位:mm

名　称	条砖 1#	条砖 2#	条砖 3#
尺　寸	370×187×82	330×180×70	310×155×55

工程量计算规则

一、磨砖对缝墙按垂直投影面积计算,扣除 0.5m² 以外的门窗洞口面积,其内侧壁亦不增加。

二、压阑砖、地栿按外皮长以 m 为单位计算。

三、间柱、角柱按地栿上皮至压阑下皮高以米为单位计算。

四、叠涩按外皮以米为单位累计计算。

五、本章节中如实际工程中使用已经砍制好的成品砖料,应扣除砍、磨砖工人工消耗量,砖件用量乘以系数 0.93。

砌 体 工 程

工作内容:挑选砖料砍制加工、调制灰浆、铺灰摆砌、勾抹砖缝及材料、半成品场内运输、清理废弃物等。

定 额 编 号		1-2-1	1-2-2	1-2-3	1-2-4	1-2-5	1-2-6
项 目		细作墙面			细作磨砖对缝压阑砖、地栿砖(条砖1#)		
		条砖1#	条砖2#	条砖3#	三层	四层	五层
单 位		m²	m²	m²	m	m	m
名 称	单位	消 耗 量					
人工	合计工日	工日	6.354	8.280	10.440	1.881	2.250	3.006
	瓦工 普工	工日	0.462	0.603	0.759	0.130	0.156	0.208
	瓦工 一般技工	工日	0.847	1.106	1.392	0.239	0.286	0.381
	瓦工 高级技工	工日	0.231	0.302	0.380	0.065	0.078	0.104
	砍砖工 普工	工日	1.443	1.881	2.373	0.434	0.519	0.694
	砍砖工 一般技工	工日	2.646	3.449	4.351	0.796	0.952	1.273
	砍砖工 高级技工	工日	0.722	0.941	1.187	0.217	0.260	0.347
材料	条砖1# 370×187×82	块	55.8000	—	—	15.7000	18.8400	25.1100
	条砖2# 330×180×70	块	—	76.4000	—	—	—	—
	条砖3# 310×155×55	块	—	—	100.9000	—	—	—
	深月白小麻刀灰	m³	0.0100	0.0110	0.0110	0.0023	0.0033	0.0041
	其他材料费(占材料费)	%	1.00	1.00	1.00	1.00	1.00	1.00
机械	切砖机 2.8kW	台班	0.4650	0.6370	0.8410	0.1310	0.1570	0.2090

工作内容:挑选砖料砍制加工、调制灰浆、铺灰摆砌、勾抹砖缝及材料、半成品场内运输、
清理废弃物等。

计量单位:m

	定　额　编　号		1-2-7	1-2-8	1-2-9	1-2-10	1-2-11	1-2-12
	项　　目		细作磨砖对缝压阑砖、地栿砖(条砖2#)			细作磨砖对缝压阑砖、地栿砖(条砖3#)		
			三层	四层	五层	三层	四层	五层
	名　　称	单位	消　耗　量					
人工	合计工日	工日	1.890	2.286	3.033	2.061	2.502	3.303
	瓦工　普工	工日	0.131	0.158	0.210	0.143	0.173	0.228
	瓦工　一般技工	工日	0.240	0.290	0.385	0.262	0.317	0.418
	瓦工　高级技工	工日	0.065	0.079	0.105	0.071	0.087	0.114
	砍砖工　普工	工日	0.436	0.527	0.700	0.476	0.578	0.763
	砍砖工　一般技工	工日	0.799	0.967	1.283	0.872	1.059	1.399
	砍砖工　高级技工	工日	0.218	0.264	0.350	0.238	0.289	0.382
材料	条砖2# 330×180×70	块	16.6000	20.1300	26.6600	—	—	—
	条砖3# 310×155×55	块	—	—	—	19.0400	22.8000	30.4400
	深月白小麻刀灰	m³	0.0019	0.0026	0.0035	0.0017	0.0024	0.0032
	其他材料费(占材料费)	%	1.00	1.00	1.00	1.00	1.00	—
机械	切砖机 2.8kW	台班	0.1380	0.1680	0.2220	0.1590	0.1900	0.2540

工作内容: 挑选砖料砍制加工、调制灰浆、铺灰摆砌、勾抹砖缝及材料、半成品场内运输、清理废弃物等。

计量单位:m

定　额　编　号			1-2-13	1-2-14	1-2-15	1-2-16	1-2-17	1-2-18
项　　　　　目			间　柱					
			条砖1#(宽)		条砖2#(宽)		条砖3#(宽)	
			54cm 以内	36cm 以内	49cm 以内	34cm 以内	45cm 以内	30cm 以内
名　　称		单位	消　耗　量					
人工	合计工日	工日	3.933	2.736	3.600	2.601	3.339	2.331
	瓦工 普工	工日	0.244	0.169	0.223	0.161	0.207	0.145
	瓦工 一般技工	工日	0.447	0.310	0.409	0.295	0.379	0.266
	瓦工 高级技工	工日	0.122	0.085	0.112	0.081	0.103	0.073
	砍砖工 普工	工日	0.936	0.652	0.857	0.619	0.795	0.554
	砍砖工 一般技工	工日	1.717	1.195	1.571	1.135	1.458	1.016
	砍砖工 高级技工	工日	0.468	0.326	0.429	0.310	0.398	0.277
材料	条砖1# 370×187×82	块	45.2000	18.8400	—	—	—	—
	条砖2# 330×180×70	块	—	—	56.5000	37.6600	—	—
	条砖3# 310×155×55	块	—	—	—	—	67.8000	45.2000
	深月白小麻刀灰	m³	0.0068	0.0043	0.0097	0.0047	0.0071	0.0045
	其他材料费(占材料费)	%	1.00	1.00	1.00	1.00	1.00	1.00
机械	切砖机 2.8kW	台班	0.3770	0.1570	0.4710	0.3140	0.5650	0.3770

工作内容:挑选砖料砍制加工、调制灰浆、铺灰摆砌、勾抹砖缝及材料、半成品场内运输、
清理废弃物等。

计量单位:m

定 额 编 号		1-2-19	1-2-20	1-2-21	1-2-22	1-2-23	1-2-24
项 目		细作磨砖砌角柱					
		条砖1#(宽)		条砖2#(宽)		条砖3#(宽)	
		54cm 以内	36cm 以内	49cm 以内	34cm 以内	45cm 以内	30cm 以内
名 称	单位	消 耗 量					
合计工日	工日	4.527	3.078	4.122	2.916	3.798	2.601
瓦工 普工	工日	0.280	0.191	0.255	0.180	0.235	0.161
瓦工 一般技工	工日	0.514	0.349	0.468	0.331	0.431	0.295
瓦工 高级技工	工日	0.140	0.095	0.128	0.090	0.118	0.081
砍砖工 普工	工日	1.078	0.733	0.981	0.695	0.904	0.619
砍砖工 一般技工	工日	1.976	1.344	1.799	1.273	1.658	1.135
砍砖工 高级技工	工日	0.539	0.367	0.491	0.347	0.452	0.310
条砖1# 370×187×82	块	76.8400	51.2380	—	—	—	—
条砖2# 330×180×70	块	—	—	96.0500	64.0220	—	—
条砖3# 310×155×55	块	—	—	—	—	115.2600	76.8400
深月白小麻刀灰	m³	0.0122	0.0073	0.0122	0.0073	0.0122	0.0073
其他材料费(占材料费)	%	1.00	1.00	1.00	1.00	1.00	1.00
切砖机 2.8kW	台班	0.6400	0.4270	0.8000	0.5340	0.9610	0.6400

人工 材料 机械

工作内容：挑选砖料砍制加工、调制灰浆、铺灰摆砌、勾抹砖缝及材料、半成品场内运输、
清理废弃物等。

计量单位：m²

定 额 编 号		1-2-25	1-2-26	1-2-27	1-2-28
项 目		开 壶 门			
		面积在壶门露棱在5cm以内		面积在壶门露棱在7.5cm以内	
		0.5m²以内	1.0m²以内	0.5m²以内	1.0m²以内
名 称	单位	消 耗 量			
合计工日	工日	25.596	21.150	28.656	23.310
人工	瓦工 普工	工日	1.486	1.228	1.664	1.354
	瓦工 一般技工	工日	2.725	2.252	3.050	2.482
	瓦工 高级技工	工日	0.743	0.614	0.832	0.677
	砍砖工 普工	工日	6.193	5.117	6.933	5.639
	砍砖工 一般技工	工日	11.353	9.381	12.711	10.339
	砍砖工 高级技工	工日	3.096	2.558	3.467	2.820
材料	条砖1# 370×187×82	块	—	—	37.8200	26.7300
	条砖3# 310×155×55	块	146.2700	132.9600	100.9000	100.9000
	深月白小麻刀灰	m³	0.0213	0.0184	0.0178	0.0159
	其他材料费(占材料费)	%	1.00	1.00	1.00	1.00
机械	切砖机 2.8kW	台班	1.2190	1.1080	0.8410	0.8410

第三章　地　面　工　程

说　明

本章包括地面、副子芯、墁道、踏道,共 21 个子目。

一、工作内容:

包括清扫基层、挑选砖料、调制灰浆、挂线找规矩、铺墁、勾缝或守缝、刷色、清理废弃物等。

二、统一性规定及说明:

1. 本章定额均以糙砖铺墁为准,其中莲瓣方砖是以带花纹的成品砖为准,若在现场用方砖雕刻,定额不做调整。

2. 莲瓣方砖副子芯系指素方砖副子(垂带)中间所用莲瓣方砖装饰,定额以一砖宽为准。

3. 踏道(即踏垛)分侧铺和平铺两种,平铺系指砖的大面向上的做法,侧铺为砖的条面向上的做法。

4. 莲瓣方砖、素方砖规格见下表。

名　称	莲瓣方砖 1# 素方砖 1#	莲瓣方砖 2# 素方砖 2#	莲瓣方砖 3# 素方砖 3#
尺　寸	350×350×90	330×330×67	305×305×55

工程量计算规则

一、室内地面按室内主墙间面积计算,不扣除柱顶石、间壁墙所占面积;檐廊地面按压阑石(砖)里皮至围护墙外皮间面积计算。

二、室外地面、散水按道牙里皮围成的面积计算,不扣除 $1m^2$ 以内的井口、树池、花池所占面积。

三、莲瓣副子芯按实作长度以"m"为单位计算。

四、墁道按副子里皮围成的面积计算,踏道按水平投影面积计算。

地 面 工 程

工作内容：清扫基层、挑选砖料、调制灰浆、挂线找规矩、铺墁、勾缝或守缝、刷色、
　　　　　清理废弃物等。

计量单位：m²

定 额 编 号			1-3-1	1-3-2	1-3-3	1-3-4	1-3-5	1-3-6
项 目			铺莲瓣方砖地面			铺素方砖地面		
			砖 1#	砖 2#	砖 3#	砖 1#	砖 2#	砖 3#
名 称		单位	消 耗 量					
人工	合计工日	工日	1.035	1.170	1.359	0.972	1.089	1.287
	瓦工 普工	工日	0.259	0.293	0.340	0.243	0.272	0.322
	瓦工 一般技工	工日	0.673	0.761	0.883	0.632	0.708	0.837
	瓦工 高级技工	工日	0.103	0.116	0.136	0.097	0.109	0.128
材料	莲瓣方砖 1# 350×350×90	块	8.4100	—	—	—	—	—
	莲瓣方砖 2# 330×330×67	块	—	9.4600	—	—	—	—
	莲瓣方砖 3# 305×305×55	块	—	—	11.0700	—	—	—
	素方砖 1# 350×350×90	块	—	—	—	8.4100	—	—
	素方砖 2# 330×330×67	块	—	—	—	—	9.4600	—
	素方砖 3# 305×305×55	块	—	—	—	—	—	11.0700
	素白灰浆	m³	0.0233	0.0227	0.0228	0.0233	0.0227	0.0228
	松烟	kg	0.0501	0.0601	0.0701	0.0501	0.0601	0.0701
	其他材料费（占材料费）	%	1.00	1.00	1.00	1.00	1.00	1.00
机械	切砖机 2.8kW	台班	0.1050	0.1180	0.1380	0.1050	0.1180	0.1380

工作内容:清扫基层、挑选砖料、调制灰浆、挂线找规矩、铺墁、勾缝或守缝、刷色、
清理废弃物等。

计量单位:m

定 额 编 号			1-3-7	1-3-8	1-3-9
项 目			莲瓣方砖副子芯		
			砖 1#	砖 2#	砖 3#
名 称		单位	消 耗 量		
人工	合计工日	工日	0.387	0.387	0.387
	瓦工 普工	工日	0.097	0.097	0.097
	瓦工 一般技工	工日	0.252	0.252	0.252
	瓦工 高级技工	工日	0.038	0.038	0.038
材料	莲瓣方砖 1# 350×350×90	块	2.9500	—	—
	莲瓣方砖 2# 330×330×67	块	—	3.1200	—
	莲瓣方砖 3# 305×305×55	块	—	—	3.3800
	素白灰浆	m³	0.0077	0.0071	0.0066
	松烟	kg	0.0200	0.0200	0.0200
	其他材料费(占材料费)	%	1.00	1.00	1.00
机械	切砖机 2.8kW	台班	0.0370	0.0390	0.0420

工作内容: 清扫基层、挑选砖料、调制灰浆、挂线找规矩、铺墁、勾缝或守缝、刷色、
清理废弃物等。

计量单位: m²

定　额　编　号			1-3-10	1-3-11	1-3-12	1-3-13	1-3-14	1-3-15
项　　目			莲瓣方砖墁道			素方砖墁道		
			砖 1#	砖 2#	砖 3#	砖 1#	砖 2#	砖 3#
名　　称		单位	消　耗　量					
人工	合计工日	工日	1.089	1.224	1.440	1.026	1.143	1.341
	瓦工 普工	工日	0.272	0.306	0.360	0.257	0.286	0.335
	瓦工 一般技工	工日	0.708	0.796	0.936	0.667	0.743	0.872
	瓦工 高级技工	工日	0.109	0.122	0.144	0.102	0.114	0.134
材料	莲瓣方砖 1# 350×350×90	块	8.4100	—	—	—	—	—
	莲瓣方砖 2# 330×330×67	块	—	9.4600	—	—	—	—
	莲瓣方砖 3# 305×305×55	块	—	—	11.0700	—	—	—
	素方砖 1# 350×350×90	块	—	—	—	8.4100	—	—
	素方砖 2# 330×330×67	块	—	—	—	—	9.4600	—
	素方砖 3# 305×305×55	块	—	—	—	—	—	11.0700
	素白灰浆	m³	0.0233	0.0227	0.0228	0.0233	0.0227	0.0228
	松烟	kg	0.0501	0.0602	0.0702	0.0501	0.0602	0.0702
	其他材料费(占材料费)	%	1.00	1.00	1.00	1.00	1.00	1.00
机械	切砖机 2.8kW	台班	0.1050	0.1180	0.1380	0.1050	0.1180	0.1380

工作内容:清扫基层、挑选砖料、调制灰浆、挂线找规矩、铺墁、勾缝或守缝、刷色、
清理废弃物等。

计量单位:m²

定　额　编　号			1-3-16	1-3-17	1-3-18	1-3-19	1-3-20	1-3-21
项　目			磨条砖平砌踏道			磨条砖侧砌踏道		
			砖 1#	砖 2#	砖 3#	砖 1#	砖 2#	砖 3#
名　称		单位	消　耗　量					
人工	合计工日	工日	5.148	5.670	10.737	6.174	9.009	10.107
	瓦工　普工	工日	1.287	1.418	2.684	1.544	2.252	2.527
	瓦工　一般技工	工日	3.346	3.686	6.979	4.013	5.856	6.570
	瓦工　高级技工	工日	0.515	0.566	1.074	0.617	0.901	1.010
材料	条砖 1# 370×187×82	块	41.8600	—	—	50.2200	—	—
	条砖 2# 330×180×70	块	—	48.3800	—	—	69.7600	—
	条砖 3# 310×155×55	块	—	—	91.6200	—	—	90.4000
	深月白小麻刀灰	m³	0.0350	0.0333	0.0351	0.0457	0.0486	0.0491
	其他材料费(占材料费)	%	1.00	1.00	1.00	1.00	1.00	1.00
机械	切砖机 2.8kW	台班	0.3490	0.4030	0.7640	0.4190	0.5810	0.7530

第四章　屋　面　工　程

说　明

本章包括筒板瓦屋面、筑脊及安鸱尾、宝顶,共 56 个子目。

一、工作内容:

1.筒板瓦屋面包括冲垄、钉雁额板、调制灰浆、选瓦、铺底瓦、背瓦、扎缝、盖筒瓦、捉节夹垄、清垄刷浆及原材料运输等。

2.叠瓦脊包括调制灰浆、选瓦、垒砌板瓦、安扣脊瓦、勾抹灰缝等。

3.鸱尾安装包括钉鸱尾桩、调制灰浆、砌装鸱尾、安装附件等。

4.宝顶安装包括调制灰浆,分层砌装宝顶座、火珠,镶扒锔等。

二、统一性规定及说明:

1.各种叠瓦脊均以使用板瓦叠砌为准,不包括脊端的鸟翼状起翘,若采用线道瓦叠砌时另行计算。同一条脊前后高度不同时应分别执行定额,脊端鸟翼状起翘另执行本章相应定额。

2.垂脊附件以使用脊头砖(兽面砖)为准,若使用兽头应另行计算。

3.围脊、搏脊按宋式分册相应子目及有关规定执行。

4.苫背按明、清分册相应子目及有关规定执行。

工程量计算规则

一、瓦屋面按屋面图示不同的几何形状以"m²"为单位计算,不扣除各种脊所占面积,坡长按屋面剖面曲线长计算,屋角飞檐冲出部分不增加。

二、檐头附件按角脊(或垂脊)端头内侧直线长计算。

三、各种脊按长度以米为单位计算,其中:

1. 带鸱尾正脊应扣除鸱尾所占长度;

2. 不带鸱尾正脊按脊端至脊端长度计算,不扣除脊端下部收缩部分的长度;

3. 九脊殿(歇山)垂脊下端量至脊头砖后皮,上端有鸱尾的量至鸱尾外皮,无鸱尾的量至正脊中线;

4. 九脊殿(歇山)角脊上端量至垂脊外皮,下端有脊头砖的量至脊头砖后皮,无脊头砖的量至勾头外端;

5. 四阿殿(庑殿)、斗尖(攒尖)垂脊上端量至鸱尾(宝顶)外皮,下端计算同九脊殿角脊;

6. 鸱尾、鸟翼状起翘、脊头砖、三跌落、宝顶均按份计算。

屋 面 工 程

工作内容:冲垄、钉雁领板、调制灰浆、选瓦、宽底瓦、背瓦、扎缝、宽筒瓦、捉节夹垄、清垄刷浆及原材料运输等。

计量单位:m²

定 额 编 号			1-4-1	1-4-2	1-4-3	1-4-4	1-4-5	1-4-6
项 目			筒瓦屋面					
			四寸筒瓦	六寸筒瓦	八寸筒瓦	九寸筒瓦	尺二筒瓦	尺四筒瓦
名 称		单位	消 耗 量					
人工	合计工日	工日	2.160	1.680	1.200	1.080	0.960	0.840
	瓦工 普工	工日	0.864	0.672	0.480	0.432	0.384	0.336
	瓦工 一般技工	工日	0.864	0.672	0.480	0.432	0.384	0.336
	瓦工 高级技工	工日	0.432	0.336	0.240	0.216	0.192	0.168
材料	四寸筒瓦	块	48.3200	—	—	—	—	—
	六寸筒瓦	块	—	25.7400	—	—	—	—
	八寸筒瓦	块	—	—	18.0900	—	—	—
	九寸筒瓦	块	—	—	—	16.0500	—	—
	尺二筒瓦	块	—	—	—	—	8.1400	—
	尺四筒瓦	块	—	—	—	—	—	5.5700
	六寸板瓦	块	53.7000	—	—	—	—	—
	八寸板瓦	块	—	27.8300	—	—	—	—
	一尺板瓦	块	—	—	24.1500	—	—	—
	尺二板瓦	块	—	—	—	20.1200	—	—
	尺四板瓦	块	—	—	—	—	12.0900	—
	尺六板瓦	块	—	—	—	—	—	8.4600
	掺灰泥5:5	m³	0.0620	0.0610	0.0780	0.0770	0.0880	0.0920
	深月白中麻刀灰	m³	0.0103	0.0093	0.0124	0.0124	0.0173	0.0262
	其他材料费(占材料费)	%	1.00	1.00	1.00	1.00	1.00	1.00

工作内容: 冲垄、钉雁领板、调制灰浆、选瓦、宽底瓦、背瓦、扎缝、宽筒瓦、捉节夹垄、清垄刷浆及原材料运输等。

计量单位:m

定额编号			1-4-7	1-4-8	1-4-9	1-4-10	1-4-11	1-4-12
项 目			筒瓦屋面檐头附件					
			四寸筒瓦	六寸筒瓦	八寸筒瓦	九寸筒瓦	尺二筒瓦	尺四筒瓦
名 称		单位	消 耗 量					
人工	合计工日	工日	0.360	0.340	0.310	0.290	0.260	0.240
	瓦工 普工	工日	0.072	0.068	0.062	0.058	0.052	0.048
	瓦工 一般技工	工日	0.216	0.204	0.186	0.174	0.156	0.144
	瓦工 高级技工	工日	0.072	0.068	0.062	0.058	0.052	0.048
材料	四寸莲瓣勾头	块	6.1900	—	—	—	—	—
	六寸莲瓣勾头	块	—	4.9500	—	—	—	—
	八寸莲瓣勾头	块	—	—	4.6400	—	—	—
	九寸莲瓣勾头	块	—	—	—	4.6400	—	—
	尺二莲瓣勾头	块	—	—	—	—	3.2500	—
	尺四莲瓣勾头	块	—	—	—	—	—	2.5000
	六寸重唇板瓦	块	6.1900	—	—	—	—	—
	八寸重唇板瓦	块	—	4.9500	—	—	—	—
	一尺重唇板瓦	块	—	—	4.6400	—	—	—
	尺二重唇板瓦	块	—	—	—	4.6400	—	—
	尺四重唇板瓦	块	—	—	—	—	3.2500	—
	尺六重唇板瓦	块	—	—	—	—	—	2.5000
	三寸钉帽	块	6.1900	4.9500	—	—	—	—
	四寸钉帽	块	—	—	4.6400	—	—	—
	五寸钉帽	块	—	—	—	4.6400	—	—
	六寸钉帽	块	—	—	—	—	3.2500	—
	八寸钉帽	块	—	—	—	—	—	2.5000
	瓦钉	kg	0.8600	0.8900	1.2400	1.3900	1.1300	1.0800
	掺灰泥 5:5	m³	0.0046	0.0075	0.0134	0.0148	0.0230	0.0210
	深月白中麻刀灰	m³	0.0015	0.0024	0.0067	0.0081	0.0111	0.0148
	其他材料费(占材料费)	%	1.00	1.00	1.00	1.00	1.00	1.00

工作内容：钉鸱尾桩、调制灰浆、砌装鸱尾、安装附件等。　　　　　　　　　　　　　　　　　　计量单位：份

定 额 编 号			1-4-13	1-4-14	1-4-15	1-4-16	1-4-17
项 目			鸱尾安装（高）				
			60cm 以下	100cm 以下	150cm 以下	200cm 以下	300cm 以下
名 称		单位	消 耗 量				
人工	合计工日	工日	1.560	4.800	6.400	12.000	15.600
	瓦工　普工	工日	0.624	1.920	2.560	4.800	6.240
	瓦工　一般技工	工日	0.624	1.920	2.560	4.800	6.240
	瓦工　高级技工	工日	0.312	0.960	1.280	2.400	3.120
材料	鸱尾 1#	份	—	—	—	—	1.0000
	鸱尾 2#	份	—	—	—	1.0000	—
	鸱尾 3#	份	—	—	1.0000	—	—
	鸱尾 4#	份	—	1.0000	—	—	—
	鸱尾 5#	份	1.0000	—	—	—	—
	鸱尾座 1#	份	—	—	—	—	1.0000
	鸱尾座 2#	份	—	—	—	1.0000	—
	鸱尾座 3#	份	—	—	1.0000	—	—
	鸱尾座 4#	份	—	1.0000	—	—	—
	鸱尾座 5#	份	1.0000	—	—	—	—
	八寸板瓦	块	10.5000	—	—	—	—
	一尺板瓦	块	—	9.4500	—	—	—
	尺二板瓦	块	—	—	13.6500	—	—
	尺四板瓦	块	—	—	—	17.8500	—
	尺六板瓦	块	—	—	—	—	26.7800
	铁兽桩	kg	—	6.7700	10.1500	13.5400	20.3000
	鸱尾铜	kg	—	—	1.9500	2.6400	3.8800
	深月白中麻刀灰	m³	0.0230	0.0360	0.0530	0.0720	0.1070
	深月白浆	m³	—	—	—	0.4015	0.6325
	其他材料费（占材料费）	%	1.00	1.00	1.00	1.00	1.00

工作内容：调制灰浆、选瓦、垒砌板瓦、安扣脊瓦、勾抹灰缝等。　　　　　　　　　　**计量单位：**m

定　额　编　号			1-4-18	1-4-19	1-4-20	1-4-21	1-4-22
项　　目			叠布瓦正脊（脊高）				
			50cm 以下	60cm 以下	70cm 以下	120cm 以下	120cm 以上
名　　称		单位	消　耗　量				
人工	合计工日	工日	2.640	3.000	3.600	6.320	7.920
	瓦工　普工	工日	1.056	1.200	1.440	2.528	3.168
	瓦工　一般技工	工日	1.056	1.200	1.440	2.528	3.168
	瓦工　高级技工	工日	0.528	0.600	0.720	1.264	1.584
材料	尺四正当沟	块	6.5000	6.5000	6.5000	—	—
	尺六正当沟	块	—	—	—	5.0000	5.0000
	八寸板瓦	块	8.1300	8.1300	8.1300	—	—
	一尺板瓦	块	—	—	—	6.5100	6.5100
	尺四板瓦	块	39.4300	48.7000	57.9800	—	—
	尺六板瓦	块	—	—	—	62.9600	72.4000
	尺二筒瓦	块	2.7000	2.7000	2.7000	—	—
	尺四筒瓦	块	—	—	—	2.3200	2.3200
	尺三方砖	块	2.5000	2.5000	2.5000	—	—
	尺五方砖	块	—	—	—	2.1600	2.1600
	掺灰泥 5∶5	m³	0.0637	0.0637	0.0637	0.0739	0.0739
	深月白中麻刀灰	m³	0.0382	0.0442	0.0505	0.0724	0.0902
	其他材料费（占材料费）	%	1.00	1.00	1.00	1.00	1.00

工作内容：调制灰浆、选瓦、垒砌板瓦、安扣脊瓦、勾抹灰缝等。 计量单位：份

	定 额 编 号		1-4-23	1-4-24	1-4-25	1-4-26	1-4-27
	项 目		叠瓦正脊鸟翼状起翘（高）				
			50cm 以下	60cm 以下	70cm 以下	120cm 以下	120cm 以上
	名 称	单位	消 耗 量				
人工	合计工日	工日	0.180	0.400	0.710	1.090	1.570
	瓦工 普工	工日	0.036	0.080	0.142	0.218	0.314
	瓦工 一般技工	工日	0.108	0.240	0.426	0.654	0.942
	瓦工 高级技工	工日	0.036	0.080	0.142	0.218	0.314
材料	一尺板瓦	块	3.5600	8.0300	—	—	—
	尺二板瓦	块	—	—	12.0700	18.7300	—
	尺四板瓦	块	—	—	—	—	22.8000
	深月白小麻刀灰	m³	0.0012	0.0027	0.0052	0.0080	0.0142
	松烟	kg	0.0025	0.0060	0.0100	0.0160	0.0236
	骨胶	kg	0.0008	0.0018	0.0032	0.0052	0.0077
	其他材料费（占材料费）	%	1.00	1.00	1.00	1.00	1.00

工作内容:调制灰浆、选瓦、垒砌板瓦、安扣脊瓦、勾抹灰缝等。　　　　　　　　　　　计量单位:m

定 额 编 号			1-4-28	1-4-29	1-4-30	1-4-31	1-4-32	1-4-33	1-4-34	1-4-35
项　　目			四阿殿(庑殿)、斗尖(攒尖)建筑板瓦叠垂脊(脊高)							
			20cm 以下	30cm 以下	40cm 以下	50cm 以下	60cm 以下	70cm 以下	80cm 以下	90cm 以下
名　　称		单位	消　耗　量							
人工	合计工日	工日	2.020	2.270	2.770	3.150	3.530	3.780	4.030	4.420
	瓦工　普工	工日	0.404	0.454	0.554	0.630	0.706	0.756	0.806	0.884
	瓦工　一般技工	工日	1.212	1.362	1.662	1.890	2.118	2.268	2.418	2.652
	瓦工　高级技工	工日	0.404	0.454	0.554	0.630	0.706	0.756	0.806	0.884
材料	八寸斜当沟	块	9.2800	9.2800	—	—	—	—	—	—
	一尺斜当沟	块	—	—	6.5100	6.5100	6.5100	—	—	—
	尺二斜当沟	块	—	—	—	—	—	5.4100	5.4100	5.4100
	八寸割角板瓦	块	9.2800	9.2800	—	—	—	—	—	—
	一尺割角板瓦	块	—	—	6.5100	6.5100	6.5100	—	—	—
	尺二割角板瓦	块	—	—	—	—	—	5.4100	5.4100	5.4100
	六寸板瓦	块	10.8400	10.8400	10.8400	10.8400	—	—	—	—
	八寸板瓦	块	—	—	—	—	8.1300	8.1300	8.1300	8.1300
	一尺板瓦	块	29.3000	42.6000	—	—	—	—	—	—
	尺二板瓦	块	—	—	40.5600	51.3800	—	—	—	—
	尺四板瓦	块	—	—	—	—	48.7000	57.9800	67.2600	76.4900
	九寸筒瓦	块	3.6100	3.6100	—	—	—	—	—	—
	尺二筒瓦	块	—	—	2.7000	2.7000	2.7000	2.7000	2.7000	2.7000
	尺二方砖	块	2.7000	2.7000	2.7000	2.7000	—	—	—	—
	尺三方砖	块	—	—	—	—	2.5000	2.5000	2.5000	2.5000
	掺灰泥 5:5	m³	0.0433	0.0433	0.0433	0.0433	0.0464	0.0464	0.0464	0.0464
	深月白中麻刀灰	m³	0.0206	0.0234	0.0342	0.0359	0.0508	0.0571	0.0649	0.0710
	其他材料费(占材料费)	%	1.00	1.00	1.00	1.00	1.00	1.00	1.00	1.00

工作内容:调制灰浆、选瓦、垒砌板瓦、安扣脊瓦、勾抹灰缝等。　　　　　　　　　　　　　　　　　　　　　　计量单位:m

定 额 编 号			1-4-36	1-4-37	1-4-38	1-4-39
项 目			两际出头(悬山)、九脊殿(歇山)垂脊(脊高)			
			20cm 以下	30cm 以下	40cm 以下	50cm 以下
名 称		单位	消 耗 量			
人工	合计工日	工日	1.920	2.160	2.640	3.000
	瓦工 普工	工日	0.384	0.432	0.528	0.600
	瓦工 一般技工	工日	1.152	1.296	1.584	1.800
	瓦工 高级技工	工日	0.384	0.432	0.528	0.600
材料	六寸板瓦	块	10.8400	10.8400	10.8400	10.8400
	尺二板瓦	块	18.9300	29.7400	40.5600	51.3800
	九寸筒瓦	块	3.6100	3.6100	3.6100	3.6100
	尺二方砖	块	2.7000	2.7000	2.7000	2.7000
	掺灰泥 5:5	m³	0.0370	0.0370	0.0370	0.0370
	深月白中麻刀灰	m³	0.0172	0.0221	0.0268	0.0325
	其他材料费(占材料费)	%	1.00	1.00	1.00	1.00

工作内容:调制灰浆、选瓦、垒砌板瓦、安扣脊瓦、勾抹灰缝等。　　　　　　　　　　　　　　　　　　　　　　计量单位:m

定 额 编 号			1-4-40	1-4-41	1-4-42	1-4-43
项 目			两际出头(悬山)、九脊殿(歇山)垂脊(脊高)			
			60cm 以下	70cm 以下	80cm 以下	90cm 以下
名 称		单位	消 耗 量			
人工	合计工日	工日	3.360	3.600	3.840	4.200
	瓦工 普工	工日	0.672	0.720	0.768	0.840
	瓦工 一般技工	工日	2.016	2.160	2.304	2.520
	瓦工 高级技工	工日	0.672	0.720	0.768	0.840
材料	八寸板瓦	块	8.1300	8.1300	8.1300	8.1300
	尺四板瓦	块	48.7000	57.9800	67.2600	76.4900
	尺二筒瓦	块	2.7000	2.7000	2.7000	2.7000
	尺三方砖	块	2.5000	2.5000	2.5000	2.5000
	掺灰泥 5:5	m³	0.0402	0.0402	0.0402	0.0402
	深月白中麻刀灰	m³	0.0474	0.0537	0.0615	0.0676
	其他材料费(占材料费)	%	1.00	1.00	1.00	1.00

工作内容:调制灰浆、选瓦、垒砌板瓦、安扣脊瓦、勾抹灰缝等。　　　　　　　　　　　　　　　　**计量单位:**块

定　额　编　号			1-4-44	1-4-45	1-4-46
项　　　目			垂脊脊头砖		
			大号	中号	小号
名　　称		单位	消　耗　量		
人工	合计工日	工日	0.140	0.120	0.100
	瓦工 一般技工	工日	0.140	0.120	0.100
材料	垂脊脊头砖(大号)	块	1.0000	—	—
	脊头砖(中号)	块	—	1.0000	—
	脊头砖(小号)	块	—	—	1.0000
	一尺板瓦	块	—	—	1.0000
	尺二板瓦	块	—	1.0000	—
	尺四板瓦	块	1.0000	—	—
	铁件(综合)	kg	0.2540	0.2030	0.1523
	其他材料费(占材料费)	%	1.00	1.00	1.00

工作内容:调制灰浆、选瓦、垒砌板瓦、安扣脊瓦、勾抹灰缝等。　　　　　　　　　　　计量单位:份

定　额　编　号		1-4-47	1-4-48	1-4-49	1-4-50	1-4-51
项　　目		角脊三跌落鸟翼状起翘(高)				
		6 层以内	11 层以内	16 层以内	21 层以内	26 层以内
名　　称	单位	消　耗　量				
人工	合计工日	工日	0.180	0.400	0.710	1.090	1.570
	瓦工 普工	工日	0.036	0.080	0.142	0.218	0.314
	瓦工 一般技工	工日	0.108	0.240	0.426	0.654	0.942
	瓦工 高级技工	工日	0.036	0.080	0.142	0.218	0.314
材料	一尺板瓦	块	5.3500	12.0540	—	—	—
	尺二板瓦	块	—	—	18.1000	28.1000	—
	尺四板瓦	块	—	—	—	—	34.2000
	脊头砖(小号)	块	3.0000	3.0000	3.0000	—	—
	脊头砖(中号)	块	—	—	—	3.0000	3.0000
	深月白小麻刀灰	m³	0.0018	0.0040	0.0078	0.0120	0.0170
	预埋铁件	kg	0.4600	0.4600	0.4600	0.6100	0.6100
	松烟	kg	0.0040	0.0090	0.0150	0.0240	0.0340
	骨胶	kg	0.0010	0.0030	0.0050	0.0080	0.0110
	其他材料费(占材料费)	%	1.00	1.00	1.00	1.00	1.00

工作内容:调制灰浆,分层砌装宝顶座、火珠,镶扒锅等。 计量单位:份

	定 额 编 号		1-4-52	1-4-53	1-4-54	1-4-55	1-4-56
	项 目		仰覆莲方形底座宝顶及火珠安装(高)				
			0.60m 以内	1.00m 以内	1.50m 以内	2.00m 以内	3.00m 以内
	名 称	单位	消 耗 量				
人 工	合计工日	工日	6.040	10.070	15.100	20.130	30.190
	瓦工 普工	工日	1.208	2.014	3.020	4.026	6.038
	瓦工 一般技工	工日	3.624	6.042	9.060	12.078	18.114
	瓦工 高级技工	工日	1.208	2.014	3.020	4.026	6.038
材 料	宝顶 0.6m 以内	份	1.0000	—	—	—	—
	宝顶 1.0m 以内	份	—	1.0000	—	—	—
	宝顶 1.5m 以内	份	—	—	1.0000	—	—
	宝顶 2.0m 以内	份	—	—	—	1.0000	—
	宝顶 3.0m 以内	份	—	—	—	—	1.0000
	宝顶座 0.6m 以内	份	1.0000	—	—	—	—
	宝顶座 1.0m 以内	份	—	1.0000	—	—	—
	宝顶座 1.5m 以内	份	—	—	1.0000	—	—
	宝顶座 2.0m 以内	份	—	—	—	1.0000	—
	宝顶座 3.0m 以内	份	—	—	—	—	1.0000
	深月白中麻刀灰	m³	0.0036	0.0060	0.0090	0.0120	0.0180
	深月白小麻刀灰	m³	0.0036	0.0059	0.0089	0.0123	0.0182
	深月白浆	m³	0.0210	0.0440	0.1840	0.2351	0.3231
	铁锔子	kg	5.2800	8.8000	13.2000	17.5900	26.3900
	其他材料费(占材料费)	%	1.00	1.00	1.00	1.00	1.00

第五章　木　构　件

说　　明

本章包括木构件制作、木构件安装,共 2 节 161 个子目。

一、工作内容:

1. 木构件制作包括排制丈杆、样板、选配料、截料、刨光、画线、制作成型,弹安装线、编写安装号、试装等。其中圆形截面的构件制作还包括砍节子、剥刮树皮、砍圆,梭形柱包括砍柱卷杀,月梁包括两肩按要求做分瓣卷杀、下部挖弯作琴面等。

2. 木构件吊装包括垂直起重、翻身就位、修整榫卯、入位、校正、钉拉杆、绑戗木,挪移抱杆及完成吊装后拆戗、拆拉杆等。

二、统一性规定及说明:

1. 定额中各类构部件分档规格均以图示尺寸(即成品净尺寸)为准,其中梭形柱以中部最大圆直径为准,上部卷杀柱以下端直径为准,直梁栿以图示截面宽度为准,月梁栿以中部最大截面宽度为准。

2. 原木经截配剥刮树皮、略施斤斧即弹线做榫卯者执行草栿定额。

3. 柱的制作、安装已综合考虑了生起和侧脚等不同情况,实际工程中不论柱的位置如何,定额均不调整。

4. 木构件吊装以单檐建筑、人工或抱杆卷扬机起重为准,重檐、三檐或多层檐建筑木结构吊装(不包括柱类及重檐建筑专用构件)工料乘以系数 1.1。

5. 圆直柱按宋式分册相应子目及有关规定执行。

6. 搏风板、垂鱼惹草制安执行宋式分册相应子目及有关规定,檩条、木基层执行宋式分册相应子目及有关规定。

工程量计算规则

一、柱按图示最大截面积乘以柱高以"m³"为单位计算。

二、直梁栿按图示长宽乘以高以"m³"为单位计算。

三、月梁栿按图示长宽乘以高以"m³"为单位计算,不扣除其下琴面挖掉的体积。

四、檐栿梁头需做出跳栱者,梁长计算至跳栱外皮,按图示长宽乘以高以"m³"为单位计算。

五、大角梁、子角梁按图示最大截面尺寸乘以长度以"m³"为单位计算。

一、木构件制作

1. 柱 类 制 作

工作内容:准备工具、选料、下料、场内运输及余料、废弃物的清运。排制丈杆、样板、选配料、截料、画线、制作成型,弹线安装线,编写安装号、试装等,其中圆形截面的构件制作还包括砍节子、剥刮树皮、砍圆,梭形柱包括砍梭,月梁包括两肩按要求做分瓣卷杀、下部挖弯作琴面等。

计量单位:m³

定 额 编 号			1-5-1	1-5-2	1-5-3	1-5-4	1-5-5
项　　　　　目			梭形柱制作(柱径)				
			20cm 以内	30cm 以内	40cm 以内	50cm 以内	50cm 以外
名　　称		单位	消　耗　量				
人工	合计工日	工日	43.340	33.550	25.740	20.060	17.820
	木工 普工	工日	8.668	6.710	5.148	4.012	3.564
	木工 一般技工	工日	30.338	23.485	18.018	14.042	12.474
	木工 高级技工	工日	4.334	3.355	2.574	2.006	1.782
材料	原木	m³	1.3500	1.3500	1.3500	1.3500	1.3500
	其他材料费(占材料费)	%	2.00	2.00	2.00	2.00	2.00

工作内容:准备工具、选料、下料、场内运输及余料、废弃物的清运。排制丈杆、样板、选配料、截料、画线、制作成型,弹线安装线,编写安装号、试装等,其中圆形截面的构件制作还包括砍节子、剥刮树皮、砍圆,梭形柱包括砍梭,月梁包括两肩按要求做分瓣卷杀、下部挖弯作琴面等。

计量单位:m³

定 额 编 号			1-5-6	1-5-7	1-5-8	1-5-9	1-5-10
项　　　　　目			上部砍梭柱制作(柱径)				
			20cm 以内	30cm 以内	40cm 以内	50cm 以内	50cm 以外
名　　称		单位	消　耗　量				
人工	合计工日	工日	38.490	29.860	22.920	19.060	16.200
	木工 普工	工日	7.698	5.972	4.584	3.812	3.240
	木工 一般技工	工日	26.943	20.902	16.044	13.342	11.340
	木工 高级技工	工日	3.849	2.986	2.292	1.906	1.620
材料	原木	m³	1.3500	1.3500	1.3500	1.3500	1.3500
	其他材料费(占材料费)	%	2.00	2.00	2.00	2.00	2.00

2. 额、枋制作

工作内容:准备工具、选料、下料、场内运输及余料、废弃物的清运。排制丈杆、样板、
选配料、截料、画线、制作成型,弹线安装线,编写安装号、试装等,其中圆形
截面的构件制作还包括砍节子、剥刮树皮、砍圆,梭形柱包括砍梭,月梁包
括两肩按要求做分瓣卷杀、下部挖弯作琴面等。

计量单位:m³

定 额 编 号			1-5-11	1-5-12	1-5-13	1-5-14	1-5-15	1-5-16
项 目			阑额制作(额高)					
			30cm 以内	35cm 以内	40cm 以内	45cm 以内	50cm 以内	50cm 以外
名 称		单位	消 耗 量					
人工	合计工日	工日	7.320	6.060	5.040	4.320	3.720	3.000
	木工 普工	工日	1.464	1.212	1.008	0.864	0.744	0.600
	木工 一般技工	工日	5.124	4.242	3.528	3.024	2.604	2.100
	木工 高级技工	工日	0.732	0.606	0.504	0.432	0.372	0.300
材料	锯成材	m³	1.1342	1.1243	1.1112	1.1012	1.0931	1.0934
	其他材料费(占材料费)	%	2.00	2.00	2.00	2.00	2.00	2.00

工作内容:准备工具、选料、下料、场内运输及余料、废弃物的清运。排制丈杆、样板、
选配料、截料、画线、制作成型,弹线安装线,编写安装号、试装等,其中圆形
截面的构件制作还包括砍节子、剥刮树皮、砍圆,梭形柱包括砍梭,月梁包
括两肩按要求做分瓣卷杀、下部挖弯作琴面等。

计量单位:m³

定 额 编 号			1-5-17	1-5-18	1-5-19	1-5-20	1-5-21	1-5-22
项 目			一端带耍头的阑额制作(额高)					
			30cm 以内	35cm 以内	40cm 以内	45cm 以内	50cm 以内	50cm 以外
名 称		单位	消 耗 量					
人工	合计工日	工日	8.780	7.270	6.050	5.180	4.460	3.600
	木工 普工	工日	1.756	1.454	1.210	1.036	0.892	0.720
	木工 一般技工	工日	6.146	5.089	4.235	3.626	3.122	2.520
	木工 高级技工	工日	0.878	0.727	0.605	0.518	0.446	0.360
材料	锯成材	m³	1.1342	1.1241	1.1112	1.1012	1.0931	1.0931
	其他材料费(占材料费)	%	2.00	2.00	2.00	2.00	2.00	2.00

工作内容: 准备工具、选料、下料、场内运输及余料、废弃物的清运。排制丈杆、样板、选配料、截料、画线、制作成型,弹线安装线,编写安装号、试装等,其中圆形截面的构件制作还包括砍节子、剥刮树皮、砍圆,梭形柱包括砍梭,月梁包括两肩按要求做分瓣卷杀、下部挖弯作琴面等。

计量单位:m³

定　额　编　号			1-5-23	1-5-24	1-5-25	1-5-26	1-5-27	1-5-28
项　　　　目			两端带要头的阑额制作(额高)					
			30cm 以内	35cm 以内	40cm 以内	45cm 以内	50cm 以内	50cm 以外
名　　称		单位	消　耗　量					
人工	合计工日	工日	10.250	8.480	7.060	6.050	5.210	4.200
	木工　普工	工日	2.050	1.696	1.412	1.210	1.042	0.840
	木工　一般技工	工日	7.175	5.936	4.942	4.235	3.647	2.940
	木工　高级技工	工日	1.025	0.848	0.706	0.605	0.521	0.420
材料	锯成材	m³	1.1342	1.1241	1.1112	1.1012	1.0931	1.0932
	其他材料费(占材料费)	%	2.00	2.00	2.00	2.00	2.00	2.00

工作内容: 准备工具、选料、下料、场内运输及余料、废弃物的清运。排制丈杆、样板、选配料、截料、画线、制作成型,弹线安装线,编写安装号、试装等,其中圆形截面的构件制作还包括砍节子、剥刮树皮、砍圆,梭形柱包括砍梭,月梁包括两肩按要求做分瓣卷杀、下部挖弯作琴面等。

计量单位:m³

定　额　编　号			1-5-29	1-5-30	1-5-31	1-5-32	1-5-33
项　　　　目			由额制作(额高)				
			30cm 以内	35cm 以内	40cm 以内	45cm 以内	45cm 以外
名　　称		单位	消　耗　量				
人工	合计工日	工日	6.120	4.860	3.840	3.240	2.640
	木工　普工	工日	1.224	0.972	0.768	0.648	0.528
	木工　一般技工	工日	4.284	3.402	2.688	2.268	1.848
	木工　高级技工	工日	0.612	0.486	0.384	0.324	0.264
材料	锯成材	m³	1.1382	1.1181	1.1100	1.1010	1.0964
	其他材料费(占材料费)	%	2.00	2.00	2.00	2.00	2.00

工作内容：准备工具、选料、下料、场内运输及余料、废弃物的清运。排制丈杆、样板、选配料、截料、画线、制作成型，弹线安装线，编写安装号、试装等，其中圆形截面的构件制作还包括砍节子、剥刮树皮、砍圆，梭形柱包括砍梭，月梁包括两肩按要求做分瓣卷杀、下部挖弯作琴面等。

计量单位：m³

定　额　编　号			1-5-34	1-5-35	1-5-36	1-5-37	1-5-38
项　　　目			撩檐枋制作（枋高）				
			35cm 以内	40cm 以内	45cm 以内	50cm 以内	50cm 以外
名　　　称		单位	消　耗　量				
人工	合计工日	工日	12.840	10.080	8.880	7.200	5.880
	木工 普工	工日	2.568	2.016	1.776	1.440	1.176
	木工 一般技工	工日	8.988	7.056	6.216	5.040	4.116
	木工 高级技工	工日	1.284	1.008	0.888	0.720	0.588
材料	锯成材	m³	1.1592	1.1361	1.1273	1.1141	1.1072
	其他材料费（占材料费）	%	2.00	2.00	2.00	2.00	2.00

3. 梁 类 制 作

工作内容：准备工具、选料、下料、场内运输及余料、废弃物的清运。排制丈杆、样板、选配料、截料、画线、制作成型，弹线安装线，编写安装号、试装等，其中圆形截面的构件制作还包括砍节子、剥刮树皮、砍圆，梭形柱包括砍梭，月梁包括两肩按要求做分瓣卷杀、下部挖弯作琴面等。

计量单位：m³

定　额　编　号			1-5-39	1-5-40	1-5-41	1-5-42
项　　　目			明栿直梁制作（梁宽）			
			20cm 以内	25cm 以内	30cm 以内	35cm 以内
名　　　称		单位	消　耗　量			
人工	合计工日	工日	13.940	12.670	9.900	8.320
	木工 普工	工日	2.788	2.534	1.980	1.664
	木工 一般技工	工日	9.758	8.869	6.930	5.824
	木工 高级技工	工日	1.394	1.267	0.990	0.832
材料	锯成材	m³	1.1712	1.1213	1.1192	1.1073
	其他材料费（占材料费）	%	2.00	2.00	2.00	2.00

工作内容：准备工具、选料、下料、场内运输及余料、废弃物的清运。排制丈杆、样板、
　　　　选配料、截料、画线、制作成型,弹线安装线,编写安装号、试装等,其中圆形
　　　　截面的构件制作还包括砍节子、剥刮树皮、砍圆,梭形柱包括砍梭,月梁包
　　　　括两肩按要求做分瓣卷杀、下部挖弯作琴面等。

计量单位：m³

定　额　编　号		1-5-43	1-5-44	1-5-45	1-5-46
项　　　　目		明栿直梁制作(梁宽)			
		40cm 以内	45cm 以内	50cm 以内	50cm 以外
名　　称	单位	消　耗　量			
人工	合计工日	工日	7.270	5.410	5.180	4.710
	木工 普工	工日	1.454	1.082	1.036	0.942
	木工 一般技工	工日	5.089	3.787	3.626	3.297
	木工 高级技工	工日	0.727	0.541	0.518	0.471
材料	锯成材	m³	1.0970	1.0900	1.0850	1.0770
	其他材料费(占材料费)	%	2.00	2.00	2.00	2.00

工作内容：准备工具、选料、下料、场内运输及余料、废弃物的清运。排制丈杆、样板、
　　　　选配料、截料、画线、制作成型,弹线安装线,编写安装号、试装等,其中圆形
　　　　截面的构件制作还包括砍节子、剥刮树皮、砍圆,梭形柱包括砍梭,月梁包
　　　　括两肩按要求做分瓣卷杀、下部挖弯作琴面等。

计量单位：m³

定　额　编　号		1-5-47	1-5-48	1-5-49	1-5-50
项　　　　目		草栿直梁制作(梁宽)			
		20cm 以内	25cm 以内	30cm 以内	35cm 以内
名　　称	单位	消　耗　量			
人工	合计工日	工日	9.340	8.560	7.540	6.960
	木工 普工	工日	1.868	1.712	1.508	1.392
	木工 一般技工	工日	6.538	5.992	5.278	4.872
	木工 高级技工	工日	0.934	0.856	0.754	0.696
材料	锯成材	m³	1.1410	1.1120	1.1000	1.0900
	其他材料费(占材料费)	%	2.00	2.00	2.00	2.00

工作内容:准备工具、选料、下料、场内运输及余料、废弃物的清运。排制丈杆、样板、选配料、截料、画线、制作成型,弹线安装线,编写安装号、试装等,其中圆形截面的构件制作还包括砍节子、剥刮树皮、砍圆,梭形柱包括砍梭,月梁包括两肩按要求做分瓣卷杀、下部挖弯作琴面等。

计量单位:m³

定　额　编　号			1-5-51	1-5-52	1-5-53	1-5-54
项　　　目			草栿直梁制作(梁宽)			
			40cm 以内	45cm 以内	50cm 以内	50cm 以外
名　　称		单位	消　耗　量			
人工	合计工日	工日	5.090	4.160	3.740	2.770
	木工 普工	工日	1.018	0.832	0.748	0.554
	木工 一般技工	工日	3.563	2.912	2.618	1.939
	木工 高级技工	工日	0.509	0.416	0.374	0.277
材料	锯成材	m³	1.0840	1.0760	1.0780	1.0700
	其他材料费(占材料费)	%	2.00	2.00	2.00	2.00

工作内容:准备工具、选料、下料、场内运输及余料、废弃物的清运。排制丈杆、样板、选配料、截料、画线、制作成型,弹线安装线,编写安装号、试装等,其中圆形截面的构件制作还包括砍节子、剥刮树皮、砍圆,梭形柱包括砍梭,月梁包括两肩按要求做分瓣卷杀、下部挖弯作琴面等。

计量单位:m³

定　额　编　号			1-5-55	1-5-56	1-5-57	1-5-58	1-5-59	1-5-60	1-5-61
项　　　目			明栿月梁制作(梁宽)						
			20cm 以内	25cm 以内	30cm 以内	35cm 以内	40cm 以内	45cm 以内	45cm 以外
名　　称		单位	消　耗　量						
人工	合计工日	工日	22.140	20.290	18.410	14.830	12.730	11.500	9.680
	木工 普工	工日	4.428	4.058	3.682	2.966	2.546	2.300	1.936
	木工 一般技工	工日	15.498	14.203	12.887	10.381	8.911	8.050	6.776
	木工 高级技工	工日	2.214	2.029	1.841	1.483	1.273	1.150	0.968
材料	锯成材	m³	1.1710	1.1422	1.1273	1.1120	1.0973	1.0860	1.0773
	其他材料费(占材料费)	%	2.00	2.00	2.00	2.00	2.00	2.00	2.00

工作内容：准备工具、选料、下料、场内运输及余料、废弃物的清运。排制丈杆、样板、选配料、截料、画线、制作成型,弹线安装线,编写安装号、试装等,其中圆形截面的构件制作还包括砍节子、剥刮树皮、砍圆,梭形柱包括砍梭,月梁包括两肩按要求做分辦卷杀、下部挖弯作琴面等。

计量单位：m³

定 额 编 号			1-5-62	1-5-63	1-5-64	1-5-65	1-5-66	1-5-67
项 目			直梁式乳栿制作(梁宽)					
			10cm 以内	15cm 以内	20cm 以内	25cm 以内	30cm 以内	30cm 以外
名 称		单位	消 耗 量					
人工	合计工日	工日	33.060	17.400	14.180	13.090	11.870	9.800
	木工 普工	工日	6.612	3.480	2.836	2.618	2.374	1.960
	木工 一般技工	工日	23.142	12.180	9.926	9.163	8.309	6.860
	木工 高级技工	工日	3.306	1.740	1.418	1.309	1.187	0.980
材料	锯成材	m³	1.2422	1.2103	1.1590	1.1460	1.1114	1.1065
	其他材料费(占材料费)	%	2.00	2.00	2.00	2.00	2.00	2.00

工作内容：准备工具、选料、下料、场内运输及余料、废弃物的清运。排制丈杆、样板、选配料、截料、画线、制作成型,弹线安装线,编写安装号、试装等,其中圆形截面的构件制作还包括砍节子、剥刮树皮、砍圆,梭形柱包括砍梭,月梁包括两肩按要求做分辦卷杀、下部挖弯作琴面等。

计量单位：m³

定 额 编 号			1-5-68	1-5-69	1-5-70	1-5-71
项 目			月梁式乳栿制作(梁宽)			
			20cm 以内	25cm 以内	30cm 以内	30cm 以外
名 称		单位	消 耗 量			
人工	合计工日	工日	26.460	19.500	18.000	14.440
	木工 普工	工日	5.292	3.900	3.600	2.888
	木工 一般技工	工日	18.522	13.650	12.600	10.108
	木工 高级技工	工日	2.646	1.950	1.800	1.444
材料	锯成材	m³	1.1590	1.1463	1.1114	1.1050
	其他材料费(占材料费)	%	2.00	2.00	2.00	2.00

工作内容:准备工具、选料、下料、场内运输及余料、废弃物的清运。排制丈杆、样板、
选配料、截料、画线、制作成型,弹线安装线,编写安装号、试装等,其中圆形
截面的构件制作还包括砍节子、剥刮树皮、砍圆,梭形柱包括砍梭,月梁包
括两肩按要求做分瓣卷杀、下部挖弯作琴面等。

计量单位:m³

定 额 编 号			1-5-72	1-5-73	1-5-74	1-5-75	1-5-76
项　　　　目			直梁劄牵制作(梁宽)				
			10cm 以内	15cm 以内	20cm 以内	25cm 以内	25cm 以外
名　　称		单位	消　耗　量				
人工	合计工日	工日	27.180	17.420	14.040	11.500	9.890
	木工 普工	工日	5.436	3.484	2.808	2.300	1.978
	木工 一般技工	工日	19.026	12.194	9.828	8.050	6.923
	木工 高级技工	工日	2.718	1.742	1.404	1.150	0.989
材料	锯成材	m³	1.2500	1.2500	1.1993	1.1800	1.1324
	其他材料费(占材料费)	%	2.00	2.00	2.00	2.00	2.00

工作内容:准备工具、选料、下料、场内运输及余料、废弃物的清运。排制丈杆、样板、
选配料、截料、画线、制作成型,弹线安装线,编写安装号、试装等,其中圆形
截面的构件制作还包括砍节子、剥刮树皮、砍圆,梭形柱包括砍梭,月梁包
括两肩按要求做分瓣卷杀、下部挖弯作琴面等。

计量单位:m³

定 额 编 号			1-5-77	1-5-78	1-5-79
项　　　　目			月梁劄牵制作(梁宽)		
			20cm 以内	25cm 以内	25cm 以外
名　　称		单位	消　耗　量		
人工	合计工日	工日	27.660	22.620	19.660
	木工 普工	工日	5.532	4.524	3.932
	木工 一般技工	工日	19.362	15.834	13.762
	木工 高级技工	工日	2.766	2.262	1.966
材料	锯成材	m³	1.1994	1.1800	1.1325
	其他材料费(占材料费)	%	2.00	2.00	2.00

工作内容: 准备工具、选料、下料、场内运输及余料、废弃物的清运。排制丈杆、样板、
选配料、截料、画线、制作成型,弹线安装线,编写安装号、试装等,其中圆形
截面的构件制作还包括砍节子、剥刮树皮、砍圆,梭形柱包括砍梭,月梁包
括两肩按要求做分瓣卷杀、下部挖弯作琴面等。

计量单位:m³

定　额　编　号		1-5-80	1-5-81	1-5-82	1-5-83	1-5-84
项　　　　　目		直梁式草栿平梁制作(梁宽)				
		20cm 以内	25cm 以内	30cm 以外	35cm 以内	35cm 以外
名　　称	单位	消　耗　量				
人工	合计工日　工日	9.340	8.560	6.910	5.410	5.040
	木工 普工　工日	1.868	1.712	1.382	1.082	1.008
	木工 一般技工　工日	6.538	5.992	4.837	3.787	3.528
	木工 高级技工　工日	0.934	0.856	0.691	0.541	0.504
材料	锯成材　m³	1.1380	1.1332	1.1160	1.1000	1.0845
	其他材料费(占材料费)　%	2.00	2.00	2.00	2.00	2.00

工作内容: 准备工具、选料、下料、场内运输及余料、废弃物的清运。排制丈杆、样板、
选配料、截料、画线、制作成型,弹线安装线,编写安装号、试装等,其中圆形
截面的构件制作还包括砍节子、剥刮树皮、砍圆,梭形柱包括砍梭,月梁包
括两肩按要求做分瓣卷杀、下部挖弯作琴面等。

计量单位:m³

定　额　编　号		1-5-85	1-5-86	1-5-87	1-5-88	1-5-89
项　　　　　目		直梁式明栿平梁制作(梁宽)				
		20cm 以内	25cm 以内	30cm 以内	35cm 以内	35cm 以外
名　　称	单位	消　耗　量				
人工	合计工日　工日	15.200	13.940	10.810	9.170	7.940
	木工 普工　工日	3.040	2.788	2.162	1.834	1.588
	木工 一般技工　工日	10.640	9.758	7.567	6.419	5.558
	木工 高级技工　工日	1.520	1.394	1.081	0.917	0.794
材料	锯成材　m³	1.1680	1.1564	1.1190	1.1190	1.0982
	其他材料费(占材料费)　%	2.00	2.00	2.00	2.00	2.00

工作内容:准备工具、选料、下料、场内运输及余料、废弃物的清运。排制丈杆、样板、
　　　　　选配料、截料、画线、制作成型、弹线安装线、编写安装号、试装等,其中圆形
　　　　　截面的构件制作还包括砍节子、剥刮树皮、砍圆,梭形柱包括砍梭,月梁包
　　　　　括两肩按要求做分瓣卷杀、下部挖弯作琴面等。　　　　　　　　　计量单位:m³

定　额　编　号		1-5-90	1-5-91	1-5-92	1-5-93	1-5-94
项　　目		月梁式平梁制作(梁宽)				
		20cm 以内	25cm 以内	30cm 以内	35cm 以内	35cm 以外
名　　称	单位	消　耗　量				
人工	合计工日	工日	18.960	17.580	16.740	14.210	12.380
	木工 普工	工日	3.792	3.516	3.348	2.842	2.476
	木工 一般技工	工日	13.272	12.306	11.718	9.947	8.666
	木工 高级技工	工日	1.896	1.758	1.674	1.421	1.238
材料	锯成材	m³	1.1683	1.1560	1.1190	1.1190	1.1183
	其他材料费(占材料费)	%	2.00	2.00	2.00	2.00	2.00

4. 蜀柱(侏儒柱)、驼峰、半驼峰、托脚、叉手制作

工作内容:准备工具、选料、下料、场内运输及余料、废弃物的清运。排制丈杆、样板、
　　　　　选配料、截料、画线、制作成型、弹线安装线、编写安装号、试装等,其中圆形
　　　　　截面的构件制作还包括砍节子、剥刮树皮、砍圆,梭形柱包括砍梭,月梁包
　　　　　括两肩按要求做分瓣卷杀、下部挖弯作琴面等。　　　　　　　　　计量单位:m³

定　额　编　号		1-5-95	1-5-96	1-5-97	1-5-98	1-5-99	1-5-100
项　　　　目		蜀柱(侏儒柱)	驼峰、半驼峰	明栿托脚、叉手(宽)		草栿托脚、叉手(宽)	
				15cm 以内	15cm 以外	15cm 以内	15cm 以外
名　　称	单位	消　耗　量					
人工	合计工日	工日	44.780	27.890	39.250	26.800	26.180	17.880
	木工 普工	工日	8.956	5.578	7.850	5.360	5.236	3.576
	木工 一般技工	工日	31.346	19.523	27.475	18.760	18.326	12.516
	木工 高级技工	工日	4.478	2.789	3.925	2.680	2.618	1.788
材料	锯成材	m³	1.2160	1.4675	1.2780	1.2375	1.2170	1.1412
	圆钉	kg	0.1700	—	—	—	—	—
	其他材料费(占材料费)	%	2.00	2.00	2.00	2.00	2.00	2.00

5. 大角梁、子角梁制作

工作内容: 准备工具、选料、下料、场内运输及余料、废弃物的清运。排制丈杆、样板、选配料、截料、画线、制作成型,弹线安装线,编写安装号、试装等,其中圆形截面的构件制作还包括砍节子、剥刮树皮、砍圆,梭形柱包括砍梭,月梁包括两肩按要求做分瓣卷杀、下部挖弯作琴面等。

计量单位:m³

定 额 编 号		1-5-101
项 目		大角梁、子角梁制作
名 称	单位	消 耗 量
人工	合计工日	工日	17.170
	木工 普工	工日	3.434
	木工 一般技工	工日	12.019
	木工 高级技工	工日	1.717
材料	锯成材	m³	1.1110
	其他材料费(占材料费)	%	2.00

二、木构件安装

1. 柱 类 安 装

工作内容：垂直起重、翻身就位、修整榫卯、入位、校正、钉拉杆、绑戗木、挪移抱杆及完成吊装后拆戗、拆拉杆等。

计量单位：m³

定 额 编 号			1-5-102	1-5-103	1-5-104	1-5-105	1-5-106
项 目			梭形柱、上部砍梭形柱安装（柱径）				
			20cm以内	30cm以内	40cm以内	50cm以内	50cm以外
名 称		单位	消 耗 量				
人 工	合计工日	工日	8.450	7.390	6.600	6.070	5.680
	木工 普工	工日	2.535	2.217	1.980	1.821	1.704
	木工 一般技工	工日	5.070	4.434	3.960	3.642	3.408
	木工 高级技工	工日	0.845	0.739	0.660	0.607	0.568
材 料	锯成材	m³	0.0460	0.0460	0.0460	0.0460	0.0460
	衫槁 3m以内	根	—	8.0000	8.0000	—	—
	衫槁 4~7m	根	28.0000	14.0000	—	7.0000	4.0000
	衫槁 7~10m	根	—	—	8.0000	4.0000	4.0000
	镀锌铁丝 10#	kg	2.1000	1.6500	1.2000	0.8300	0.6000
	圆钉	kg	0.5700	0.4200	0.3000	0.2100	0.1000
	扎绑绳	kg	1.6800	1.3200	1.2000	0.8300	0.7200
	麻绳	kg	1.2000	1.2000	1.2000	1.2000	1.2000
	其他材料费（占材料费）	%	1.50	1.50	1.50	1.50	1.50

2.额、枋安装

工作内容:垂直起重、翻身就位、修整榫卯、入位、校正、钉拉杆、绑戗木、挪移抱杆及
　　　　　完成吊装后拆戗、拆拉杆等。

计量单位:m³

定　额　编　号		1-5-107	1-5-108	1-5-109	1-5-110	1-5-111	1-5-112	1-5-113
项　　　目		阑额安装(额高)		由额安装(额高)			撩檐枋安装(枋高)	
		30cm 以内	30cm 以外	30cm 以内	40cm 以内	40cm 以外	20cm 以内	20cm 以外
名　　　称	单位	消　耗　量						
合计工日	工日	3.000	2.760	3.960	3.720	3.480	5.160	4.200
人工　木工 普工	工日	0.900	0.828	1.188	1.116	1.044	1.548	1.260
木工 一般技工	工日	1.800	1.656	2.376	2.232	2.088	3.096	2.520
木工 高级技工	工日	0.300	0.276	0.396	0.372	0.348	0.516	0.420
材料　扎绑绳	kg	1.3200	1.1500	1.3200	1.1500	0.9800	1.5600	1.4600
麻绳	kg	1.0000	1.0000	1.0000	1.0000	1.0000	1.0000	1.0000
其他材料费(占材料费)	%	1.50	1.50	1.50	1.50	1.50	1.50	1.50

3. 梁 类 安 装

工作内容:垂直起重、翻身就位、修整榫卯、入位、校正、钉拉杆、绑戗木、挪移抱杆及
完成吊装后拆戗、拆拉杆等。

计量单位:m³

定 额 编 号		1-5-114	1-5-115	1-5-116	1-5-117
项 目		直梁(明栿、草栿)安装(梁宽)			
		20cm 以内	25cm 以内	30cm 以内	35cm 以内
名 称	单位	消 耗 量			
人工	合计工日	工日	5.620	3.450	3.370	3.320
	木工 普工	工日	1.686	1.035	1.011	0.996
	木工 一般技工	工日	3.372	2.070	2.022	1.992
	木工 高级技工	工日	0.562	0.345	0.337	0.332
材料	锯成材	m³	0.0241	0.0241	0.0241	0.0241
	衫槁 3m 以内	根	2.8200	2.8200	2.5000	2.5000
	衫槁 4~7m	根	5.6400	5.6400	5.0000	5.0000
	镀锌铁丝 10#	kg	0.8500	0.8500	0.7500	0.7500
	扎绑绳	kg	0.8500	0.8500	0.6800	0.6800
	麻绳	kg	1.0000	1.0000	1.0000	1.0000
	其他材料费(占材料费)	%	1.50	1.50	1.50	1.50

工作内容:垂直起重、翻身就位、修整榫卯、入位、校正、钉拉杆、绑戗木、挪移抱杆及
完成吊装后拆戗、拆拉杆等。

计量单位:m³

定 额 编 号		1-5-118	1-5-119	1-5-120	1-5-121
项 目		直梁(明栿、草栿)安装(梁宽)			
		40cm 以内	45cm 以内	50cm 以内	50cm 以外
名 称	单位	消 耗 量			
人工	合计工日	工日	3.170	3.110	2.770	2.560
	木工 普工	工日	0.951	0.933	0.831	0.768
	木工 一般技工	工日	1.902	1.866	1.662	1.536
	木工 高级技工	工日	0.317	0.311	0.277	0.256
材料	锯成材	m³	0.0242	0.0242	0.0242	0.0242
	衫槁 3m 以内	根	1.5000	1.5000	0.9800	—
	衫槁 4~7m	根	3.7500	3.7500	2.4500	1.0000
	衫槁 7~10m	根	1.5000	1.5000	0.9800	2.6700
	镀锌铁丝 10#	kg	0.6500	0.6500	0.4400	0.3900
	扎绑绳	kg	0.5400	0.5400	0.4300	0.3500
	麻绳	kg	1.0000	1.0000	1.0000	1.0000
	其他材料费(占材料费)	%	1.50	1.50	1.50	1.50

工作内容:垂直起重、翻身就位、修整榫卯、入位、校正、钉拉杆、绑戗木、挪移抱杆及
完成吊装后拆戗、拆拉杆等。

计量单位:m³

定 额 编 号		1-5-122	1-5-123	1-5-124	1-5-125
项 目		明栿月梁安装(梁宽)			
		20cm 以内	25cm 以内	30cm 以内	35cm 以内
名 称	单位	消 耗 量			
人工 合计工日	工日	5.210	4.770	4.360	4.340
人工 木工 普工	工日	1.563	1.431	1.308	1.302
人工 木工 一般技工	工日	3.126	2.862	2.616	2.604
人工 木工 高级技工	工日	0.521	0.477	0.436	0.434
材料 锯成材	m³	0.0241	0.0241	0.0241	0.0241
材料 衫槁 3m 以内	根	2.8200	2.8200	2.5000	2.5000
材料 衫槁 4~7m	根	5.6400	5.6400	5.0000	5.0000
材料 镀锌铁丝 10#	kg	0.8500	0.8500	0.7500	0.7500
材料 扎绑绳	kg	0.8500	0.8500	0.6800	0.6800
材料 麻绳	kg	1.0000	1.0000	1.0000	1.0000
材料 其他材料费(占材料费)	%	1.50	1.50	1.50	1.50

工作内容:垂直起重、翻身就位、修整榫卯、入位、校正、钉拉杆、绑戗木、挪移抱杆及
完成吊装后拆戗、拆拉杆等。

计量单位:m³

定 额 编 号			1-5-126	1-5-127	1-5-128
项 目			明栿月梁安装(梁宽)		
			40cm 以内	45cm 以内	45cm 以外
名 称		单位	消 耗 量		
人工	合计工日	工日	3.790	3.770	3.720
	木工 普工	工日	1.137	1.131	1.116
	木工 一般技工	工日	2.274	2.262	2.232
	木工 高级技工	工日	0.379	0.377	0.372
材料	锯成材	m³	0.0241	0.0241	0.0241
	衫槁 3m 以内	根	1.5000	1.5000	0.9800
	衫槁 4~7m	根	3.7500	3.7500	2.4500
	衫槁 7~10m	根	1.5000	1.5000	0.9800
	镀锌铁丝 10#	kg	0.6500	0.6500	0.4400
	扎绑绳	kg	0.5400	0.5400	0.4300
	麻绳	kg	1.0000	1.0000	1.0000
	其他材料费(占材料费)	%	1.50	1.50	1.50

工作内容:垂直起重、翻身就位、修整榫卯、入位、校正、钉拉杆、绑戗木、挪移抱杆及
完成吊装后拆戗、拆拉杆等。

计量单位:m³

定 额 编 号		1-5-129	1-5-130	1-5-131	1-5-132	1-5-133	1-5-134
项 目		直梁式乳栿安装(梁宽)					
		10cm 以内	15cm 以内	20cm 以内	25cm 以内	30cm 以内	30cm 以外
名 称	单位	消 耗 量					
人工	合计工日	工日	8.160	6.320	6.260	4.650	4.510	4.010
	木工 普工	工日	2.448	1.896	1.878	1.395	1.353	1.203
	木工 一般技工	工日	4.896	3.792	3.756	2.790	2.706	2.406
	木工 高级技工	工日	0.816	0.632	0.626	0.465	0.451	0.401
材料	锯成材	m³	0.0241	0.0241	0.0241	0.0241	0.0241	0.0241
	衫槁 3m 以内	根	2.8200	2.8200	2.8200	2.5000	2.5000	1.5000
	衫槁 4~7m	根	5.6400	5.6400	5.6400	5.0000	5.0000	3.7500
	衫槁 7~10m	根	—	—	—	—	—	1.5000
	镀锌铁丝 10#	kg	0.8500	0.8500	0.8500	0.7500	0.7500	0.6500
	扎绑绳	kg	0.8500	0.8500	0.8500	0.6800	0.6800	0.5400
	麻绳	kg	1.0000	1.0000	1.0000	1.0000	1.0000	1.0000
	其他材料费(占材料费)	%	1.50	1.50	1.50	1.50	1.50	1.50

工作内容: 垂直起重、翻身就位、修整榫卯、入位、校正、钉拉杆、绑戗木、挪移抱杆及完成吊装后拆戗、拆拉杆等。

计量单位:m³

定 额 编 号		1-5-135	1-5-136	1-5-137	1-5-138
项　　目		月梁式乳栿安装(梁宽)			
		20cm 以内	25cm 以内	30cm 以内	30cm 以外
名　　称	单位	消　耗　量			
人工 合计工日	工日	4.280	3.960	3.820	3.360
木工　普工	工日	1.284	1.188	1.146	1.008
木工　一般技工	工日	2.568	2.376	2.292	2.016
木工　高级技工	工日	0.428	0.396	0.382	0.336
材料 锯成材	m³	0.0241	0.0241	0.0241	0.0241
衫槁 3m 以内	根	2.8200	2.5000	2.5000	1.5000
衫槁 4~7m	根	5.6400	5.0000	5.0000	3.7500
衫槁 7~10m	根	—	—	—	1.5000
镀锌铁丝 10#	kg	0.8500	0.7500	0.7500	0.6500
扎绑绳	kg	0.8500	0.6800	0.6800	0.5400
麻绳	kg	1.0000	1.0000	1.0000	1.0000
其他材料费(占材料费)	%	1.50	1.50	1.50	1.50

工作内容: 垂直起重、翻身就位、修整榫卯、入位、校正、钉拉杆、绑戗木、挪移抱杆及
完成吊装后拆戗、拆拉杆等。   计量单位:m³

定 额 编 号		1-5-139	1-5-140	1-5-141	1-5-142	1-5-143
项　　目		直梁劄牵安装(梁宽)				
		10cm 以内	15cm 以内	20cm 以内	25cm 以内	25cm 以外
名　　称	单位	消　耗　量				
人工	合计工日	工日	8.980	6.950	6.260	4.800	4.310
	木工 普工	工日	2.694	2.085	1.878	1.440	1.293
	木工 一般技工	工日	5.388	4.170	3.756	2.880	2.586
	木工 高级技工	工日	0.898	0.695	0.626	0.480	0.431
材料	锯成材	m³	0.0241	0.0241	0.0241	0.0241	0.0241
	衫槁 3m 以内	根	2.8200	2.8200	2.8200	2.8200	2.5000
	衫槁 4~7m	根	5.6400	5.6400	5.6400	5.6400	5.0000
	镀锌铁丝 10#	kg	0.8500	0.8500	0.8500	0.8500	0.7500
	扎绑绳	kg	0.8500	0.8500	0.8500	0.8500	0.6800
	麻绳	kg	1.0000	1.0000	1.0000	1.0000	1.0000
	其他材料费(占材料量)	%	1.50	1.50	1.50	1.50	1.50

工作内容:垂直起重、翻身就位、修整榫卯、入位、校正、钉拉杆、绑戗木、挪移抱杆及
完成吊装后拆戗、拆拉杆等。

计量单位:m³

定 额 编 号		1-5-144	1-5-145	1-5-146
项 目		月梁劄牵安装(梁宽)		
		20cm 以内	25cm 以内	25cm 以外
名 称	单位	消 耗 量		
人工 合计工日	工日	6.290	5.560	4.790
木工 普工	工日	1.887	1.668	1.437
木工 一般技工	工日	3.774	3.336	2.874
木工 高级技工	工日	0.629	0.556	0.479
材料 锯成材	m³	0.0241	0.0241	0.0241
衫槁 3m 以内	根	2.8200	2.8200	2.5000
衫槁 4~7m	根	5.6400	5.6400	5.0000
镀锌铁丝 10#	kg	0.8500	0.8500	0.7500
扎绑绳	kg	0.8500	0.8500	0.6800
麻绳	kg	1.0000	1.0000	1.0000
其他材料费(占材料费)	%	1.50	1.50	1.50

工作内容:垂直起重、翻身就位、修整榫卯、入位、校正、钉拉杆、绑戗木、挪移抱杆及
完成吊装后拆戗、拆拉杆等。   计量单位:m³

定 额 编 号		1-5-147	1-5-148	1-5-149	1-5-150	1-5-151
项　　目		直梁式(明栿、草栿)平梁安装(梁宽)				
		20cm 以内	25cm 以内	30cm 以内	35cm 以内	35cm 以外
名　　称	单位	消　耗　量				
人工	合计工日	工日	5.620	4.650	4.100	3.910	3.470
	木工 普工	工日	1.686	1.395	1.230	1.173	1.041
	木工 一般技工	工日	3.372	2.790	2.460	2.346	2.082
	木工 高级技工	工日	0.562	0.465	0.410	0.391	0.347
材料	锯成材	m³	0.0241	0.0241	0.0241	0.0241	0.0241
	衫槁 3m 以内	根	2.8200	2.8200	2.5000	2.5000	1.5000
	衫槁 4~7m	根	5.6400	5.6400	5.0000	5.0000	3.7500
	衫槁 7~10m	根	—	—	—	—	1.5000
	镀锌铁丝 10#	kg	0.8500	0.8500	0.7500	0.7500	0.6500
	扎绑绳	kg	0.8500	0.8500	0.6800	0.6800	0.5400
	麻绳	kg	1.0000	1.0000	1.0000	1.0000	1.0000
	其他材料费(占材料费)	%	1.50	1.50	1.50	1.50	1.50

工作内容:垂直起重、翻身就位、修整榫卯、入位、校正、钉拉杆、绑戗木、挪移抱杆及
完成吊装后拆戗、拆拉杆等。

计量单位:m³

定　额　编　号			1-5-152	1-5-153	1-5-154	1-5-155	1-5-156
项　　目			月梁式平梁安装(梁宽)				
			20cm 以内	25cm 以内	30cm 以内	35cm 以内	35cm 以外
名　　称		单位	消　耗　量				
人工	合计工日	工日	4.780	5.210	4.460	4.320	4.040
	木工 普工	工日	1.434	1.563	1.338	1.296	1.212
	木工 一般技工	工日	2.868	3.126	2.676	2.592	2.424
	木工 高级技工	工日	0.478	0.521	0.446	0.432	0.404
材料	锯成材	m³	0.0241	0.0241	0.0241	0.0241	0.0241
	衫槁 3m 以内	根	2.8200	2.8200	2.5000	2.5000	1.5000
	衫槁 4~7m	根	5.6400	5.6400	5.0000	5.0000	3.7500
	衫槁 7~10m	根	—	—	—	—	1.5000
	镀锌铁丝 10#	kg	0.8500	0.8500	0.7500	0.7500	0.6500
	扎绑绳	kg	0.8500	0.8500	0.6800	0.6800	0.5400
	麻绳	kg	1.0000	1.0000	1.0000	1.0000	1.0000
	其他材料费(占材料费)	%	1.50	1.50	1.50	1.50	1.50

4. 蜀柱、驼峰、半驼峰、托脚、叉手安装

工作内容: 垂直起重、翻身就位、修整榫卯、入位、校正、钉拉杆、绑戗木、挪移抱杆及
完成吊装后拆戗、拆拉杆等。　　　　　　　　　　　　　　　　　　计量单位:m³

定　额　编　号			1-5-157	1-5-158	1-5-159	1-5-160
项　　目			蜀柱(侏儒柱)安装	驼峰、半驼峰安装	明栿、草栿托脚、叉手安装(宽)	
					15cm 以内	15cm 以外
名　　称		单位	消　耗　量			
人工	合计工日	工日	11.880	10.160	9.240	7.200
	木工 普工	工日	3.564	3.048	2.772	2.160
	木工 一般技工	工日	7.128	6.096	5.544	4.320
	木工 高级技工	工日	1.188	1.016	0.924	0.720
材料	锯成材	m³	0.0600	—	—	—
	圆钉	kg	1.4700	0.7400	0.7400	0.7400
	扎绑绳	kg	2.5000	2.5000	2.5000	2.4000
	其他材料费(占材料费)	%	1.50	1.50	1.50	1.50

5. 大角梁、子角梁安装

工作内容: 垂直起重、翻身就位、修整榫卯、入位、校正、钉拉杆、绑戗木、挪移抱杆及
完成吊装后拆戗、拆拉杆等。　　　　　　　　　　　　　　　　　　计量单位:m³

定　额　编　号			1-5-161
项　　目			大角梁、子角梁安装
名　　称		单位	消　耗　量
人工	合计工日	工日	12.760
	木工 普工	工日	3.828
	木工 一般技工	工日	7.656
	木工 高级技工	工日	1.276
材料	扎绑绳	kg	1.6000
	麻绳	kg	1.0000
	其他材料费(占材料费)	%	1.50

第六章　铺　作　工　程

说　　明

本章包括铺作制作、铺作安装、铺作附件制作、铺作分件制作及襻间、平棊铺作安装,共 5 节 290 个子目。

一、工作内容:

1.铺作制作(包括斗、栱、昂等全部部件)包括选配料、刨光、放样、画线、制作卷杀、敧颤、榫卯、展拽、绞割及场内材料、成品、半成品运输等。

2.铺作安装包括铺作全部构件的安装工程。

3.遮椽板制安包括选配料、拼板合缝、刨光、串带、安装、钉压条等全部工作过程。

二、统一性规定及说明:

1.定额中铺作尺寸以三等材为准,实际工程中铺作用材与定额不符时,按下表调整工料。

用材等级 　　　　mm 名称	一	二	三	四	五	六	七	八
	192×288	176×264	160×240	153.6×230.4	140.8×211.2	128×192	112×168	96×144
工时调整系数	1.4545	1.2070	1	0.9201	0.7776	0.6447	0.4966	0.3636
材料调整系数	1.728	1.331	1	0.8847	0.6815	0.512	0.343	0.216

2.铺作安装以头层檐为准,二层檐铺作安装按定额工料乘以系数 1.1 执行,三层檐及三层檐以上铺作安装按定额工料乘以系数 1.2 执行。

3.转角铺作中带方的构件,外端的工料均包括在转角铺作定额之内,里端的方另按附件计算。

4.襻间出半栱连身对隐,工料已包括在定额内,身内襻间方另按罗汉方计算,其下铺作构件另按铺作分件定额计算工料,并另计安装用工。

5.平棊(平棋)方下铺作构件按铺作分件定额计算工料,另计安装用工。

6.人字栱、斗子蜀柱制作工料已包含其上的散斗工料。

工程量计算规则

一、铺作制作、安装以朵为单位计算。

二、铺作分件制作以件为单位计算。

三、柱头方、罗汉方、襻间方按轴线中至中尺寸制作安装,以米为单位计算,不扣除梁、枋所占长度。

四、遮椽板按水平投影面积以平方米为单位计算,不扣除铺作构件所占尺寸。

一、铺作制作

工作内容:斗、栱等全部部件放样、套样、选配料、刨光、画线、卷杀、歁颐、作榫卯、草架摆验全部部件的制作及场内材料、成品、半成品运输等。　　　　　　计量单位:朵

定　额　编　号		1-6-1	1-6-2	1-6-3	1-6-4	1-6-5	1-6-6	1-6-7	1-6-8
项　　目		人字栱	斗子蜀柱	斗口跳			把头绞项作		
					柱头铺作	转角铺作	补间铺作	柱头铺作	转角铺作
		补间铺作							
名　　称	单位	消　耗　量							
人工	合计工日	工日	4.170	0.864	10.662	8.836	16.360	7.752	7.752	10.557
	木工 普工	工日	0.834	0.173	2.132	1.767	3.272	1.550	1.550	2.111
	木工 一般技工	工日	2.919	0.605	7.464	6.185	11.452	5.426	5.426	7.390
	木工 高级技工	工日	0.417	0.086	1.066	0.884	1.636	0.776	0.776	1.056
材料	锯成材	m³	0.1400	0.0283	0.3500	0.2900	0.5360	0.2544	0.2544	0.3462
	乳胶漆	kg	0.0700	0.0150	0.1750	0.1450	0.2680	0.1270	0.1270	0.1730
	圆钉	kg	0.0140	0.0030	0.0350	0.0290	0.0540	0.0250	0.0250	0.0350
	其他材料费(占材料费)	%	2.00	2.00	2.00	2.00	2.00	2.00	2.00	2.00

工作内容:斗、栱等全部部件放样、套样、选配料、刨光、画线、卷杀、歁颐、作榫卯、草架摆验全部部件的制作及场内材料、成品、半成品运输等。　　　　　　计量单位:朵

定　额　编　号		1-6-9	1-6-10	1-6-11	1-6-12	1-6-13	1-6-14
项　　目		四铺作重栱外插昂			四铺作重栱里外卷头		
		补间铺作	柱头铺作	转角铺作	补间铺作	柱头铺作	转角铺作
名　　称	单位	消　耗　量					
人工	合计工日	工日	27.405	25.385	54.303	26.312	24.292	48.869
	木工 普工	工日	5.481	5.077	10.861	5.262	4.858	9.774
	木工 一般技工	工日	19.184	17.770	38.012	18.418	17.005	34.208
	木工 高级技工	工日	2.740	2.538	5.430	2.632	2.429	4.887
材料	锯成材	m³	0.8990	0.8320	1.7800	0.8630	0.7960	1.6020
	乳胶	kg	0.4500	0.4162	0.8900	0.4321	0.3980	0.8013
	圆钉	kg	0.0900	0.0830	0.1780	0.1780	0.0800	0.1600
	其他材料费(占材料费)	%	2.00	2.00	2.00	2.00	2.00	2.00

工作内容：斗、栱等全部部件放样、套样、选配料、刨光、画线、卷杀、歍颛、作榫卯、

草架摆验全部部件的制作及场内材料、成品、半成品运输等。　　　　　**计量单位：**朵

定　额　编　号			1-6-15	1-6-16	1-6-17	1-6-18	1-6-19	1-6-20
项　　　目			五铺作单栱计心双抄里外卷头 （全用令栱）			五铺作偷心壁内单栱双抄里外卷头 （全用令栱）		
			補间铺作	柱头铺作	转角铺作	補间铺作	柱头铺作	转角铺作
名　　　称		单位	消　耗　量					
人工	合计工日	工日	37.495	35.071	87.502	32.150	29.726	70.052
	木工　普工	工日	7.499	7.014	17.500	6.430	5.945	14.010
	木工　一般技工	工日	26.246	24.550	61.251	22.505	20.808	49.036
	木工　高级技工	工日	3.750	3.507	8.751	3.215	2.973	7.006
材料	锯成材	m³	1.2293	1.1500	2.8690	1.0542	0.9750	2.2971
	乳胶	kg	0.6150	0.5750	1.3930	0.5270	0.4880	1.1400
	圆钉	kg	0.1230	0.1150	0.2790	0.1050	0.0980	0.2280
	其他材料费(占材料费)	%	2.00	2.00	2.00	2.00	2.00	2.00

工作内容：斗、栱等全部部件放样、套样、选配料、刨光、画线、卷杀、歍颛、作榫卯、

草架摆验全部部件的制作及场内材料、成品、半成品运输等。　　　　　**计量单位：**朵

定　额　编　号			1-6-21	1-6-22	1-6-23	1-6-24	1-6-25	1-6-26
项　　　目			五铺作重栱计心单抄单下昂 里转五铺作			五铺作偷心单抄单下昂里转五铺作		
			補间铺作	柱头铺作	转角铺作	補间铺作	柱头铺作	转角铺作
名　　　称		单位	消　耗　量					
人工	合计工日	工日	50.466	46.352	117.447	35.872	31.758	90.555
	木工　普工	工日	10.093	9.270	23.489	7.174	6.352	18.111
	木工　一般技工	工日	35.326	32.446	82.213	25.110	22.231	63.389
	木工　高级技工	工日	5.047	4.636	11.745	3.588	3.175	9.055
材料	锯成材	m³	1.6550	1.5200	3.8512	1.1760	1.0413	2.9690
	乳胶	kg	0.8280	0.7600	1.9260	0.5880	0.5210	1.4850
	圆钉	kg	0.1660	0.1520	0.3850	0.1180	0.1040	0.2970
	其他材料费(占材料费)	%	2.00	2.00	2.00	2.00	2.00	2.00

工作内容:斗、栱等全部部件放样、套样、选配料、刨光、画线、卷杀、斲颥、作榫卯、
草架摆验全部部件的制作及场内材料、成品、半成品运输等。 计量单位:朵

定 额 编 号			1-6-27	1-6-28	1-6-29	1-6-30	1-6-31	1-6-32
项 目			六铺作重栱计心单抄双下昂 里转五铺作			六铺作重栱计心双抄单下昂 里转五铺作		
			補间铺作	柱头铺作	转角铺作	補间铺作	柱头铺作	转角铺作
名 称		单位	消 耗 量					
人工	合计工日	工日	67.473	63.360	177.996	63.915	59.067	162.825
	木工 普工	工日	13.495	12.672	35.599	12.783	11.813	32.565
	木工 一般技工	工日	47.231	44.352	124.597	44.741	41.347	113.978
	木工 高级技工	工日	6.747	6.336	17.800	6.391	5.907	16.282
材料	锯成材	m³	2.2122	2.0770	5.8365	2.0960	1.9373	5.3390
	乳胶	kg	1.1060	1.0390	2.9180	1.0480	0.9690	2.6700
	圆钉	kg	0.2210	0.2080	0.5840	0.2100	0.1940	0.5340
	其他材料费(占材料费)	%	2.00	2.00	2.00	2.00	2.00	2.00

工作内容:斗、栱等全部部件放样、套样、选配料、刨光、画线、卷杀、斲颥、作榫卯、
草架摆验全部部件的制作及场内材料、成品、半成品运输等。 计量单位:朵

定 额 编 号			1-6-33	1-6-34	1-6-35	1-6-36	1-6-37	1-6-38
项 目			六铺作偷心壁内重栱单抄双下昂 里转五铺作			六铺作单栱计心壁内重栱单抄 双下昂里转五铺作		
			補间铺作	柱头铺作	转角铺作	補间铺作	柱头铺作	转角铺作
名 称		单位	消 耗 量					
人工	合计工日	工日	51.155	46.538	135.307	57.882	53.768	168.781
	木工 普工	工日	10.230	9.308	27.061	11.576	10.754	33.756
	木工 一般技工	工日	35.800	32.577	94.715	40.517	37.638	118.146
	木工 高级技工	工日	5.125	4.653	13.531	5.789	5.376	16.879
材料	锯成材	m³	1.6770	1.5263	4.4360	1.8980	1.7632	5.5344
	乳胶	kg	0.8310	0.7630	2.2180	0.9490	0.8820	2.7520
	圆钉	kg	0.1660	0.1530	0.4440	0.1900	0.1760	0.5500
	其他材料费(占材料费)	%	2.00	2.00	2.00	2.00	2.00	2.00

工作内容:斗、栱等全部部件放样、套样、选配料、刨光、画线、卷杀、軟颐、作榫卯、
　　　　草架摆验全部部件的制作及场内材料、成品、半成品运输等。　　　　　　计量单位:朵

定　额　编　号			1-6-39	1-6-40	1-6-41	1-6-42	1-6-43	1-6-44
项　　　目			六铺作重栱计心内外卷头			六铺作单栱计心壁内重栱内外卷头		
			補间铺作	柱头铺作	转角铺作	補间铺作	柱头铺作	转角铺作
名　　　称		单位	消　耗　量					
人工	合计工日	工日	70.212	65.363	174.433	57.423	57.514	137.436
	木工 普工	工日	14.042	13.073	34.887	11.485	11.503	27.487
	木工 一般技工	工日	49.148	45.754	122.103	40.196	40.260	96.205
	木工 高级技工	工日	7.022	6.536	17.443	5.742	5.751	13.744
材料	锯成材	m³	2.3020	2.1433	5.7192	1.8830	1.8860	4.5062
	乳胶	kg	1.1510	1.0720	2.5700	1.0230	0.9430	2.2530
	圆钉	kg	0.2300	0.2140	0.5140	0.2050	0.1890	0.4510
	其他材料费(占材料费)	%	2.00	2.00	2.00	2.00	2.00	2.00

工作内容:斗、栱等全部部件放样、套样、选配料、刨光、画线、卷杀、軟颐、作榫卯、
　　　　草架摆验全部部件的制作及场内材料、成品、半成品运输等。　　　　　　计量单位:朵

定　额　编　号			1-6-45	1-6-46	1-6-47	1-6-48	1-6-49	1-6-50
项　　　目			六铺作偷心壁内重栱内外卷头			七铺作重栱计心双抄双下昂里转六铺作		
			補间铺作	柱头铺作	转角铺作	補间铺作	柱头铺作	转角铺作
名　　　称		单位	消　耗　量					
人工	合计工日	工日	47.782	42.934	99.010	90.372	85.524	278.314
	木工 普工	工日	9.556	8.587	19.802	18.074	17.105	55.663
	木工 一般技工	工日	33.447	30.054	69.307	63.260	59.867	194.820
	木工 高级技工	工日	4.779	4.293	9.901	9.038	8.552	27.831
材料	锯成材	m³	1.5671	1.4080	3.2460	2.9630	2.8042	9.1251
	乳胶	kg	0.7880	0.7040	1.6230	1.4820	1.4020	4.5560
	圆钉	kg	0.1570	0.1410	0.3250	0.2960	0.2800	0.9110
	其他材料费(占材料费)	%	2.00	2.00	2.00	2.00	2.00	2.00

工作内容: 斗、栱等全部部件放样、套样、选配料、刨光、画线、卷杀、軟顱、作榫卯、
草架摆验全部部件的制作及场内材料、成品、半成品运输等。 　　　计量单位:朵

定　额　编　号		1-6-51	1-6-52	1-6-53	1-6-54	1-6-55	1-6-56
项　　　目		七铺作单栱计心双抄双下昂 里转六铺作			七铺作偷心壁内重栱双抄双下昂 里转六铺作		
		補间铺作	柱头铺作	转角铺作	補间铺作	柱头铺作	转角铺作
名　　称	单位	消　耗　量					
人工	合计工日	工日	74.386	69.538	261.115	62.335	57.487	181.331
	木工　普工	工日	14.877	13.908	52.223	12.467	11.497	36.266
	木工　一般技工	工日	52.070	48.677	182.781	43.635	40.241	126.932
	木工　高级技工	工日	7.439	6.953	26.111	6.233	5.749	18.133
材料	锯成材	m³	2.4393	2.2800	8.5610	2.0441	1.8850	5.9451
	乳胶	kg	1.2200	1.1400	4.2810	1.0220	0.9430	2.9730
	圆钉	kg	0.2440	0.2280	0.8560	0.2040	0.1890	0.5950
	其他材料费(占材料费)	%	2.00	2.00	2.00	2.00	2.00	2.00

工作内容: 斗、栱等全部部件放样、套样、选配料、刨光、画线、卷杀、軟顱、作榫卯、
草架摆验全部部件的制作及场内材料、成品、半成品运输等。 　　　计量单位:朵

定　额　编　号		1-6-57	1-6-58	1-6-59	1-6-60	1-6-61	1-6-62
项　　　目		七铺作重栱计心里外卷头			七铺作单栱计心壁内重栱 里外卷头		
		補间铺作	柱头铺作	转角铺作	補间铺作	柱头铺作	转角铺作
名　　称	单位	消　耗　量					
人工	合计工日	工日	97.671	86.211	239.880	78.488	67.028	192.517
	木工　普工	工日	19.534	17.242	47.976	15.698	13.406	38.503
	木工　一般技工	工日	68.370	60.348	167.916	54.942	46.920	134.762
	木工　高级技工	工日	9.767	8.621	23.988	7.848	6.702	19.252
材料	锯成材	m³	3.2021	2.8270	7.8652	2.5730	2.1982	6.3121
	乳胶	kg	1.6010	1.4141	3.9330	1.2872	1.0990	3.1560
	圆钉	kg	0.3200	0.2833	0.7870	0.2572	0.2200	0.6311
	其他材料费(占材料费)	%	2.00	2.00	2.00	2.00	2.00	2.00

工作内容：斗、栱等全部部件放样、套样、选配料、刨光、画线、卷杀、欹颛、作榫卯、
　　　草架摆验全部部件的制作及场内材料、成品、半成品运输等。　　　　　　计量单位：朵

定　额　编　号		1-6-63	1-6-64	1-6-65	1-6-66	1-6-67	1-6-68
项　　　目		七铺作偷心壁内重栱里外卷头			八铺作重栱计心双抄三下昂里转六铺作		
		补间铺作	柱头铺作	转角铺作	补间铺作	柱头铺作	转角铺作
名　　　称	单位	消　耗　量					
人工	合计工日	工日	64.027	52.568	136.018	110.939	105.357	346.485
	木工　普工	工日	12.805	10.514	27.204	22.188	21.071	69.297
	木工　一般技工	工日	44.819	36.798	95.213	77.657	73.750	242.540
	木工　高级技工	工日	6.403	5.256	13.601	11.094	10.536	34.648
材料	锯成材	m³	2.0992	1.7240	4.4600	3.6373	3.4541	11.3600
	乳胶	kg	1.0500	0.8621	2.2300	1.8233	1.7270	5.6800
	圆钉	kg	0.2100	0.1722	0.4460	0.3650	0.3450	1.1365
	其他材料费（占材料费）	%	2.00	2.00	2.00	2.00	2.00	2.00

工作内容：斗、栱等全部部件放样、套样、选配料、刨光、画线、卷杀、欹颛、作榫卯、
　　　草架摆验全部部件的制作及场内材料、成品、半成品运输等。　　　　　　计量单位：朵

定　额　编　号		1-6-69	1-6-70	1-6-71	1-6-72	1-6-73	1-6-74
项　　　目		八铺作偷心壁内重栱双抄三下昂外二跳重栱计心里转六铺作			八铺作并偷心壁内重栱双抄三下昂里转六铺作并偷心		
		补间铺作	柱头铺作	转角铺作	补间铺作	柱头铺作	转角铺作
名　　　称	单位	消　耗　量					
人工	合计工日	工日	79.968	74.124	232.818	72.823	68.516	212.628
	木工　普工	工日	15.994	14.825	46.564	14.565	13.703	42.526
	木工　一般技工	工日	55.978	51.887	162.973	50.976	47.961	148.839
	木工　高级技工	工日	7.996	7.412	23.281	7.282	6.852	21.263
材料	锯成材	m³	2.6222	2.4300	7.6330	2.3880	2.2463	6.9711
	乳胶	kg	1.3112	1.2150	3.8040	1.1941	1.1230	3.3000
	圆钉	kg	0.2620	0.2433	0.7610	0.2392	0.2250	0.6620
	其他材料费（占材料费）	%	2.00	2.00	2.00	2.00	2.00	2.00

工作内容:斗、栱等全部部件放样、套样、选配料、刨光、画线、卷杀、欹颛、作榫卯、
草架摆验全部部件的制作及场内材料、成品、半成品运输等。　　**计量单位:**朵

定 额 编 号		1-6-75	1-6-76	1-6-77	1-6-78	1-6-79	1-6-80
项 目		八铺作并偷心壁内重栱三抄双下昂里转六铺作			外跳卷头五铺作里跳上昂六铺作并重栱计心		
		補间铺作	柱头铺作	转角铺作	補间铺作	柱头铺作	转角铺作
名 称	单位	消 耗 量					
人工	合计工日	工日	71.276	66.969	204.197	49.725	42.999	111.407
	木工 普工	工日	14.255	13.394	40.839	9.945	8.600	22.281
	木工 一般技工	工日	49.893	46.878	142.938	34.808	30.099	77.985
	木工 高级技工	工日	7.128	6.697	20.420	4.972	4.300	11.141
材料	锯成材	m³	2.3370	2.1964	6.6950	1.6300	1.4100	3.6532
	乳胶	kg	1.1691	1.0980	3.0430	0.8155	0.7050	1.7400
	圆钉	kg	0.2340	0.2200	0.6090	0.1630	0.1412	0.3486
	其他材料费(占材料费)	%	2.00	2.00	2.00	2.00	2.00	2.00

工作内容:斗、栱等全部部件放样、套样、选配料、刨光、画线、卷杀、欹颛、作榫卯、
草架摆验全部部件的制作及场内材料、成品、半成品运输等。　　**计量单位:**朵

定 额 编 号		1-6-81	1-6-82	1-6-83	1-6-84	1-6-85	1-6-86
项 目		外跳卷头五铺作里跳上昂六铺作壁内重栱并偷心			外跳卷头六铺作里跳上昂七铺作并重栱计心		
		補间铺作	柱头铺作	转角铺作	補间铺作	柱头铺作	转角铺作
名 称	单位	消 耗 量					
人工	合计工日	工日	38.510	31.784	82.268	69.011	61.400	179.862
	木工 普工	工日	7.702	6.357	16.454	13.802	12.280	35.972
	木工 一般技工	工日	26.957	22.249	57.588	48.308	42.980	125.903
	木工 高级技工	工日	3.851	3.178	8.226	6.901	6.140	17.987
材料	锯成材	m³	1.2630	1.0420	2.6970	2.2630	2.0130	5.8970
	乳胶	kg	0.6320	0.5210	1.3490	1.1320	1.0070	2.7940
	圆钉	kg	0.1260	0.1040	0.2700	0.2260	0.2010	0.5590
	其他材料费(占材料费)	%	2.00	2.00	2.00	2.00	2.00	2.00

工作内容：斗、栱等全部部件放样、套样、选配料、刨光、画线、卷杀、欹颐、作榫卯、

草架摆验全部部件的制作及场内材料、成品、半成品运输等。　　　　　　计量单位：朵

定　额　编　号			1-6-87	1-6-88	1-6-89	1-6-90	1-6-91	1-6-92
项　　目			外跳卷头六铺作里跳上昂 七铺作并偷心			外跳卷头六铺作里跳重上昂 七铺作并重栱计心		
			補间铺作	柱头铺作	转角铺作	補间铺作	柱头铺作	转角铺作
名　　称		单位	消　耗　量					
人工	合计工日	工日	49.277	41.666	110.626	76.906	65.828	184.105
	木工 普工	工日	9.855	8.333	22.125	15.381	13.166	36.821
	木工 一般技工	工日	34.494	29.166	77.438	53.834	46.080	128.873
	木工 高级技工	工日	4.928	4.167	11.063	7.691	6.582	18.411
材料	锯成材	m³	1.6162	1.3660	3.6273	2.5220	2.1581	6.0360
	乳胶	kg	0.8080	0.6830	1.8144	1.2612	1.0790	2.9740
	圆钉	kg	0.1613	0.1370	0.3632	0.2520	0.2163	0.5950
	其他材料费（占材料费）	%	2.00	2.00	2.00	2.00	2.00	2.00

工作内容：斗、栱等全部部件放样、套样、选配料、刨光、画线、卷杀、欹颐、作榫卯、

草架摆验全部部件的制作及场内材料、成品、半成品运输等。　　　　　　计量单位：朵

定　额　编　号			1-6-93	1-6-94	1-6-95	1-6-96	1-6-97	1-6-98
项　　目			外跳卷头六铺作里跳重上昂 七铺作并偷心			外跳卷头六铺作里跳重上昂 八铺作并重栱计心		
			補间铺作	柱头铺作	转角铺作	補间铺作	柱头铺作	转角铺作
名　　称		单位	消　耗　量					
人工	合计工日	工日	60.085	49.007	123.124	92.747	74.052	198.343
	木工 普工	工日	12.017	9.801	24.625	18.549	14.810	39.669
	木工 一般技工	工日	42.060	34.305	86.187	64.923	51.836	138.840
	木工 高级技工	工日	6.008	4.901	12.312	9.275	7.406	19.834
材料	锯成材	m³	1.9700	1.6071	4.0370	3.0412	2.4280	6.5034
	乳胶	kg	0.9850	0.8040	1.9742	1.5210	1.2144	3.2520
	圆钉	kg	0.1970	0.1611	0.3950	0.3040	0.2432	0.6500
	其他材料费（占材料费）	%	2.00	2.00	2.00	2.00	2.00	2.00

工作内容:斗、栱等全部部件放样、套样、选配料、刨光、画线、卷杀、敧颥、作榫卯、草架摆验全部部件的制作及场内材料、成品、半成品运输等。 计量单位:朵

定 额 编 号		1-6-99	1-6-100	1-6-101
项 目		外跳卷头六铺作里跳重上昂八铺作并偷心		
		補间铺作	柱头铺作	转角铺作
名 称	单位	消 耗 量		
人 工	合计工日	工日	75.925	57.230	145.378
	木工 普工	工日	15.185	11.446	29.076
	木工 一般技工	工日	53.148	40.061	101.765
	木工 高级技工	工日	7.592	5.723	14.537
材 料	锯成材	m³	2.4890	1.8764	4.7660
	乳胶	kg	1.2453	0.9380	2.3831
	圆钉	kg	0.2490	0.1880	0.4771
	其他材料费(占材料费)	%	2.00	2.00	2.00

二、铺 作 安 装

工作内容:斗、栱等放样、套样、选配料、刨光、画线、卷杀、敧颥、作榫卯、草架摆验全部部件及附件安装。 计量单位:朵

定 额 编 号			1-6-102	1-6-103	1-6-104	1-6-105	1-6-106	1-6-107	1-6-108	1-6-109
项 目			人字栱	斗子蜀柱	斗口跳			把头绞项作		
			補间铺作		補间铺作安装	柱头铺作安装	转角铺作安装	補间铺作安装	柱头铺作安装	转角铺作安装
名 称		单位	消 耗 量							
人 工	合计工日	工日	0.896	0.179	2.239	1.856	3.436	1.628	1.628	2.217
	木工 普工	工日	0.269	0.054	0.672	0.557	1.031	0.488	0.488	0.665
	木工 一般技工	工日	0.537	0.107	1.343	1.114	2.062	0.977	0.977	1.330
	木工 高级技工	工日	0.090	0.018	0.224	0.185	0.343	0.163	0.163	0.222
材 料	其他材料费(占人工费)	%	1.00	1.00	1.00	1.00	1.00	1.00	1.00	1.00

工作内容:斗、栱等放样、套样、选配料、刨光、画线、卷杀、欹颐、作榫卯、
草架摆验全部部件及附件安装。

计量单位:朵

定　额　编　号		1-6-110	1-6-111	1-6-112	1-6-113	1-6-114	1-6-115
项　　　目		四铺作重栱外插昂			四铺作重栱里外卷头		
		補间铺作安装	柱头铺作安装	转角铺作安装	補间铺作安装	柱头铺作安装	转角铺作安装
名　　　称	单位	消　耗　量					
合计工日	工日	5.755	5.331	11.404	5.525	5.101	10.262
人工　木工 普工	工日	1.727	1.599	3.421	1.658	1.530	3.079
工　木工 一般技工	工日	3.453	3.199	6.842	3.315	3.061	6.157
木工 高级技工	工日	0.575	0.533	1.141	0.552	0.510	1.026
材料　其他材料费(占人工费)	%	1.00	1.00	1.00	1.00	1.00	1.00

工作内容:斗、栱等放样、套样、选配料、刨光、画线、卷杀、欹颐、作榫卯、
草架摆验全部部件及附件安装。

计量单位:朵

定　额　编　号		1-6-116	1-6-117	1-6-118	1-6-119	1-6-120	1-6-121
项　　　目		五铺作单栱计心双抄里外卷头 (全用令栱)			五铺作偷心壁内单栱双抄 里外卷头(全用令栱)		
		補间铺作安装	柱头铺作安装	转角铺作安装	補间铺作安装	柱头铺作安装	转角铺作安装
名　　　称	单位	消　耗　量					
合计工日	工日	7.874	7.365	18.375	6.751	6.242	14.711
人工　木工 普工	工日	2.362	2.210	5.513	2.025	1.873	4.413
工　木工 一般技工	工日	4.724	4.419	11.025	4.051	3.745	8.827
木工 高级技工	工日	0.788	0.736	1.837	0.675	0.624	1.471
材料　其他材料费(占人工费)	%	1.00	1.00	1.00	1.00	1.00	1.00

工作内容:斗、栱等放样、套样、选配料、刨光、画线、卷杀、歙颐、作榫卯、
草架摆验全部部件及附件安装。

计量单位:朵

定 额 编 号			1-6-122	1-6-123	1-6-124	1-6-125	1-6-126	1-6-127
项 目			五铺作重栱计心单抄单下昂里转五铺作			五铺作偷心单抄单下昂里转五铺作		
			補间铺作安装	柱头铺作安装	转角铺作安装	補间铺作安装	柱头铺作安装	转角铺作安装
名 称		单位	消 耗 量					
人工	合计工日	工日	10.598	9.734	24.664	7.533	6.669	19.016
	木工 普工	工日	3.179	2.920	7.399	2.260	2.001	5.705
	木工 一般技工	工日	6.359	5.840	14.798	4.520	4.001	11.410
	木工 高级技工	工日	1.060	0.974	2.467	0.753	0.667	1.901
材料	其他材料费(占人工费)	%	1.00	1.00	1.00	1.00	1.00	1.00

工作内容:斗、栱等放样、套样、选配料、刨光、画线、卷杀、歙颐、作榫卯、
草架摆验全部部件及附件安装。

计量单位:朵

定 额 编 号			1-6-128	1-6-129	1-6-130	1-6-131	1-6-132	1-6-133
项 目			六铺作重栱计心单抄双下昂里转五铺作			六铺作重栱计心双抄单下昂里转五铺作		
			補间铺作安装	柱头铺作安装	转角铺作安装	補间铺作安装	柱头铺作安装	转角铺作安装
名 称		单位	消 耗 量					
人工	合计工日	工日	14.169	13.306	37.379	13.422	12.404	34.193
	木工 普工	工日	4.251	3.992	11.214	4.027	3.721	10.258
	木工 一般技工	工日	8.501	7.984	22.427	8.053	7.442	20.516
	木工 高级技工	工日	1.417	1.330	3.738	1.342	1.241	3.419
材料	其他材料费(占人工费)	%	1.00	1.00	1.00	1.00	1.00	1.00

工作内容:斗、栱等放样、套样、选配料、刨光、画线、卷杀、歁颐、作榫卯、

　　　　　草架摆验全部部件及附件安装。　　　　　　　　　　　　**计量单位:**朵

定　额　编　号			1-6-134	1-6-135	1-6-136	1-6-137	1-6-138	1-6-139
项　　　目			六铺作偷心壁内重栱 单抄双下昂里转五铺作			六铺作单栱计心壁内重栱 单抄双下昂里转五铺作		
			補间铺 作安装	柱头铺 作安装	转角铺 作安装	補间铺 作安装	柱头铺 作安装	转角铺 作安装
名　　　称		单位	消　耗　量					
人工	合计工日	工日	10.743	9.773	28.414	12.155	11.291	35.444
	木工　普工	工日	3.223	2.931	8.524	3.646	3.387	10.633
	木工　一般技工	工日	6.446	5.864	17.048	7.293	6.775	21.266
	木工　高级技工	工日	1.074	0.978	2.842	1.216	1.129	3.544
材料	其他材料费(占人工费)	%	1.00	1.00	1.00	1.00	1.00	1.00

工作内容:斗、栱等放样、套样、选配料、刨光、画线、卷杀、歁颐、作榫卯、

　　　　　草架摆验全部部件及附件安装。　　　　　　　　　　　　**计量单位:**朵

定　额　编　号			1-6-140	1-6-141	1-6-142	1-6-143	1-6-144	1-6-145
项　　　目			六铺作重栱 计心内外卷头			六铺作单栱计心壁内 重栱内外卷头		
			補间铺 作安装	柱头铺 作安装	转角铺 作安装	補间铺 作安装	柱头铺 作安装	转角铺 作安装
名　　　称		单位	消　耗　量					
人工	合计工日	工日	14.744	13.726	36.631	12.059	12.078	28.861
	木工　普工	工日	4.423	4.118	10.989	3.618	3.623	8.658
	木工　一般技工	工日	8.846	8.236	21.979	7.235	7.247	17.317
	木工　高级技工	工日	1.475	1.372	3.663	1.206	1.208	2.886
材料	其他材料费(占人工费)	%	1.00	1.00	1.00	1.00	1.00	1.00

工作内容: 斗、栱等放样、套样、选配料、刨光、画线、卷杀、歇颐、作榫卯、
草架摆验全部部件及附件安装。　　　　　　　　　　　　　　　**计量单位:** 朵

定　额　编　号			1-6-146	1-6-147	1-6-148	1-6-149	1-6-150	1-6-151
项　　　目			六铺作偷心壁内重栱内外卷头			七铺作重栱计心双抄双下昂里转六铺作		
			補间铺作安装	柱头铺作安装	转角铺作安装	補间铺作安装	柱头铺作安装	转角铺作安装
名　　称	单位		消　耗　量					
人工	合计工日	工日	10.034	9.016	20.792	18.978	17.960	58.446
	木工　普工	工日	3.010	2.705	6.237	5.693	5.388	17.534
	木工　一般技工	工日	6.020	5.410	12.476	11.387	10.776	35.068
	木工　高级技工	工日	1.004	0.901	2.079	1.898	1.796	5.844
材料	其他材料费(占人工费)	%	1.00	1.00	1.00	1.00	1.00	1.00

工作内容: 斗、栱等放样、套样、选配料、刨光、画线、卷杀、歇颐、作榫卯、
草架摆验全部部件及附件安装。　　　　　　　　　　　　　　　**计量单位:** 朵

定　额　编　号			1-6-152	1-6-153	1-6-154	1-6-155	1-6-156	1-6-157
项　　　目			七铺作单栱计心双抄双下昂里转六铺作			七铺作偷心壁内重栱双抄双下昂里转六铺作		
			補间铺作安装	柱头铺作安装	转角铺作安装	補间铺作安装	柱头铺作安装	转角铺作安装
名　　称	单位		消　耗　量					
人工	合计工日	工日	15.621	14.603	54.834	13.090	12.072	38.080
	木工　普工	工日	4.686	4.381	16.450	3.927	3.622	11.424
	木工　一般技工	工日	9.373	8.762	32.900	7.854	7.243	22.848
	木工　高级技工	工日	1.562	1.460	5.484	1.309	1.207	3.808
材料	其他材料费(占人工费)	%	1.00	1.00	1.00	1.00	1.00	1.00

工作内容:斗、栱等放样、套样、选配料、刨光、画线、卷杀、欹颐、作榫卯、
草架摆验全部部件及附件安装。　　　　　　　　　　　　　　**计量单位:**朵

定 额 编 号			1-6-158	1-6-159	1-6-160	1-6-161	1-6-162	1-6-163
项 目			七铺作重栱 计心里外卷头			七铺作单栱计心 壁内重栱里外卷头		
			補间铺 作安装	柱头铺 作安装	转角铺 作安装	補间铺 作安装	柱头铺 作安装	转角铺 作安装
名 称		单位	消 耗 量					
人工	合计工日	工日	20.511	18.104	50.375	16.482	14.076	40.429
	木工 普工	工日	6.153	5.431	15.113	4.945	4.223	12.129
	木工 一般技工	工日	12.307	10.863	30.225	9.889	8.446	24.257
	木工 高级技工	工日	2.051	1.810	5.037	1.648	1.407	4.043
材料	其他材料费(占人工费)	%	1.00	1.00	1.00	1.00	1.00	1.00

工作内容:斗、栱等放样、套样、选配料、刨光、画线、卷杀、欹颐、作榫卯、
草架摆验全部部件及附件安装。　　　　　　　　　　　　　　**计量单位:**朵

定 额 编 号			1-6-164	1-6-165	1-6-166	1-6-167	1-6-168	1-6-169
项 目			七铺作偷心 壁内重栱里外卷头			八铺作重栱计心双抄 三下昂里转六铺作		
			補间铺 作安装	柱头铺 作安装	转角铺 作安装	補间铺 作安装	柱头铺 作安装	转角铺 作安装
名 称		单位	消 耗 量					
人工	合计工日	工日	13.446	11.039	28.564	23.297	22.125	72.762
	木工 普工	工日	4.034	3.312	8.569	6.989	6.638	21.829
	木工 一般技工	工日	8.068	6.623	17.138	13.978	13.275	43.657
	木工 高级技工	工日	1.344	1.104	2.857	2.330	2.212	7.276
材料	其他材料费(占人工费)	%	1.00	1.00	1.00	1.00	1.00	1.00

工作内容:斗、栱等放样、套样、选配料、刨光、画线、卷杀、欹颤、作榫卯、草架摆验全部部件及附件安装。

计量单位:朵

定 额 编 号			1-6-170	1-6-171	1-6-172	1-6-173	1-6-174	1-6-175
项 目			八铺作偷心壁内重栱 双抄三下昂外二跳 重栱计心里转六铺作			八铺作并偷心壁内重栱 双抄三下昂里转六铺作并偷心		
			補间铺 作安装	柱头铺 作安装	转角铺 作安装	補间铺 作安装	柱头铺 作安装	转角铺 作安装
名 称		单位	消 耗 量					
人工	合计工日	工日	16.793	15.566	48.892	15.293	14.388	44.652
	木工 普工	工日	5.038	4.670	14.668	4.588	4.316	13.396
	木工 一般技工	工日	10.076	9.340	29.335	9.176	8.633	26.791
	木工 高级技工	工日	1.679	1.556	4.889	1.529	1.439	4.465
材料	其他材料费(占人工费)	%	1.00	1.00	1.00	1.00	1.00	1.00

工作内容:斗、栱等放样、套样、选配料、刨光、画线、卷杀、欹颤、作榫卯、草架摆验全部部件及附件安装。

计量单位:朵

定 额 编 号			1-6-176	1-6-177	1-6-178	1-6-179	1-6-180	1-6-181
项 目			八铺作并偷心壁内重栱 三抄双下昂里转六铺作			外跳卷头五铺作里跳 上昂六铺作并重栱计心		
			補间铺 作安装	柱头铺 作安装	转角铺 作安装	補间铺 作安装	柱头铺 作安装	转角铺 作安装
名 称		单位	消 耗 量					
人工	合计工日	工日	14.968	14.063	42.881	10.442	9.030	23.395
	木工 普工	工日	4.490	4.219	12.864	3.133	2.709	7.019
	木工 一般技工	工日	8.981	8.438	25.729	6.265	5.418	14.036
	木工 高级技工	工日	1.497	1.406	4.288	1.044	0.903	2.340
材料	其他材料费(占人工费)	%	1.00	1.00	1.00	1.00	1.00	1.00

工作内容:斗、栱等放样、套样、选配料、刨光、画线、卷杀、歇颐、作榫卯、
　　　　　草架摆验全部部件及附件安装。　　　　　　　　　　　计量单位:朵

定　额　编　号			1-6-182	1-6-183	1-6-184	1-6-185	1-6-186	1-6-187
项　　　目			外跳卷头五铺作里跳上昂六铺作壁内重栱并偷心			外跳卷头六铺作里跳上昂七铺作并重栱计心		
			補间铺作安装	柱头铺作安装	转角铺作安装	補间铺作安装	柱头铺作安装	转角铺作安装
名　　称		单位	消　耗　量					
人工	合计工日	工日	8.087	6.675	17.276	14.492	12.894	37.771
	木工 普工	工日	2.426	2.003	5.183	4.348	3.868	11.331
	木工 一般技工	工日	4.852	4.005	10.366	8.695	7.737	22.663
	木工 高级技工	工日	0.809	0.667	1.727	1.449	1.289	3.777
材料	其他材料费(占人工费)	%	1.00	1.00	1.00	1.00	1.00	1.00

工作内容:斗、栱等放样、套样、选配料、刨光、画线、卷杀、歇颐、作榫卯、
　　　　　草架摆验全部部件及附件安装。　　　　　　　　　　　计量单位:朵

定　额　编　号			1-6-188	1-6-189	1-6-190	1-6-191	1-6-192	1-6-193
项　　　目			外跳卷头六铺作里跳上昂七铺作并偷心			外跳卷头六铺作里跳重上昂七铺作并重栱计心		
			補间铺作安装	柱头铺作安装	转角铺作安装	補间铺作安装	柱头铺作安装	转角铺作安装
名　　称		单位	消　耗　量					
人工	合计工日	工日	10.348	8.750	23.231	16.150	13.824	38.662
	木工 普工	工日	3.104	2.625	6.969	4.845	4.147	11.599
	木工 一般技工	工日	6.209	5.250	13.939	9.690	8.294	23.197
	木工 高级技工	工日	1.035	0.875	2.323	1.615	1.383	3.866
材料	其他材料费(占人工费)	%	1.00	1.00	1.00	1.00	1.00	1.00

工作内容：斗、栱等放样、套样、选配料、刨光、画线、卷杀、軃颧、作榫卯、
草架摆验全部部件及附件安装。

计量单位：朵

定　额　编　号			1-6-194	1-6-195	1-6-196	1-6-197	1-6-198	1-6-199
项　　目			外跳卷头六铺作里跳重上昂七铺作并偷心			外跳卷头六铺作里跳重上昂八铺作并重栱计心		
			補间铺作安装	柱头铺作安装	转角铺作安装	補间铺作安装	柱头铺作安装	转角铺作安装
名　　称		单位	消　耗　量					
人工	合计工日	工日	12.618	10.291	25.856	19.477	15.551	41.652
	木工 普工	工日	3.785	3.087	7.757	5.843	4.665	12.496
	木工 一般技工	工日	7.571	6.175	15.514	11.686	9.331	24.991
	木工 高级技工	工日	1.262	1.029	2.585	1.948	1.555	4.165
材料	其他材料费(占人工费)	%	1.00	1.00	1.00	1.00	1.00	1.00

工作内容：斗、栱等放样、套样、选配料、刨光、画线、卷杀、軃颧、作榫卯、
草架摆验全部部件及附件安装。

计量单位：朵

定　额　编　号			1-6-200	1-6-201	1-6-202
项　　目			外跳卷头六铺作里跳重上昂八铺作并偷心		
			補间铺作安装	柱头铺作安装	转角铺作安装
名　　称		单位	消　耗　量		
人工	合计工日	工日	15.944	12.018	30.529
	木工 普工	工日	4.783	3.605	9.159
	木工 一般技工	工日	9.566	7.211	18.317
	木工 高级技工	工日	1.595	1.202	3.053
材料	其他材料费(占人工费)	%	1.00	1.00	1.00

三、铺作附件制作

工作内容:斗、栱等全部部件放样、套样、选配料、刨光、画线、卷杀、欹颐、作榫卯、
草架摆验的附件制作及附件材料、成品、半成品运输等。　　　　　　计量单位:件

定　额　编　号			1-6-203	1-6-204	1-6-205	1-6-206	1-6-207
项　　目			暗栔制作				
			一跳	二跳	三跳	四跳	五跳
名　　称		单位	消　耗　量				
人工	合计工日	工日	0.126	0.240	0.350	0.470	0.590
	木工 普工	工日	0.025	0.048	0.070	0.094	0.118
	木工 一般技工	工日	0.088	0.168	0.245	0.329	0.413
	木工 高级技工	工日	0.013	0.024	0.035	0.047	0.059
材料	锯成材	m³	0.0041	0.0090	0.0133	0.0170	0.0212
	其他材料费(占材料费)	%	2.00	2.00	2.00	2.00	2.00

工作内容:斗、栱等全部部件放样、套样、选配料、刨光、画线、卷杀、欹颐、作榫卯、
草架摆验的附件制作及附件材料、成品、半成品运输等。　　　　　　计量单位:m

定　额　编　号			1-6-208	1-6-209	1-6-210	1-6-211	1-6-212	1-6-213
项　　目			襻间方	足材柱头方制作	栔制作	宝瓶制作（件）	遮椽板(m²)制安	
			单材柱头方罗汉方制作				厚20mm	每增厚5mm
名　　称		单位	消　耗　量					
人工	合计工日	工日	0.376	0.752	0.172	2.197	0.440	0.030
	木工 普工	工日	0.075	0.150	0.034	0.439	0.088	0.006
	木工 一般技工	工日	0.263	0.526	0.120	1.538	0.308	0.021
	木工 高级技工	工日	0.038	0.076	0.018	0.220	0.044	0.003
材料	锯成材	m³	0.0542	0.0750	0.0090	0.0722	0.0314	0.0062
	其他材料费(占材料费)	%	2.00	2.00	2.00	2.00	2.00	2.00

四、铺作分件制作

工作内容：斗、栱等全部部件放样、套样、选配料、刨光、画线、卷杀、欹颥、作榫卯、
草架摆验的分件制作及分件材料、成品、半成品运输等。 计量单位：件

定 额 编 号			1-6-214	1-6-215	1-6-216	1-6-217	1-6-218	1-6-219
项 目			栌斗	转角方栌斗	交栿斗	交互斗	齐心斗	散斗
名 称		单位	消 耗 量					
人工	合计工日	工日	2.559	3.238	0.680	0.360	0.320	0.280
	木工 普工	工日	0.512	0.648	0.136	0.072	0.064	0.056
	木工 一般技工	工日	1.791	2.267	0.476	0.252	0.224	0.196
	木工 高级技工	工日	0.256	0.323	0.068	0.036	0.032	0.028
材料	锯成材	m³	0.1172	0.1490	0.0310	0.0172	0.0150	0.0130
	其他材料费（占材料费）	%	2.00	2.00	2.00	2.00	2.00	2.00

工作内容：斗、栱等全部部件放样、套样、选配料、刨光、画线、卷杀、欹颥、作榫卯、
草架摆验的分件制作及分件材料、成品、半成品运输等。 计量单位：件

定 额 编 号			1-6-220	1-6-221	1-6-222	1-6-223	1-6-224
项 目			平盘斗	华栱			
				一跳 72°	二跳 132°	三跳 192°	四跳 252°
名 称		单位	消 耗 量				
人工	合计工日	工日	0.192	1.889	3.463	5.037	8.185
	木工 普工	工日	0.038	0.378	0.693	1.007	1.637
	木工 一般技工	工日	0.135	1.322	2.424	3.526	5.730
	木工 高级技工	工日	0.019	0.189	0.346	0.504	0.818
材料	锯成材	m³	0.0090	0.0873	0.1590	0.2312	0.3761
	其他材料费（占材料费）	%	2.00	2.00	2.00	2.00	2.00

工作内容：斗、栱等全部部件放样、套样、选配料、刨光、画线、卷杀、欹顺、作榫卯、
草架摆验的分件制作及分件材料、成品、半成品运输等。　　　　　**计量单位：件**

定　额　编　号			1-6-225	1-6-226	1-6-227	1-6-228	1-6-229	1-6-230	1-6-231
项　　　目			丁头栱	足材泥道栱	慢栱		单材瓜子栱	令栱	
					单材	足材		单材	足材
名　　称		单位	消　耗　量						
人工	合计工日	工日	1.049	1.627	1.724	2.414	1.162	1.349	1.889
	木工　普工	工日	0.210	0.325	0.345	0.483	0.232	0.270	0.378
	木工　一般技工	工日	0.734	1.139	1.207	1.690	0.813	0.944	1.322
	木工　高级技工	工日	0.105	0.163	0.172	0.241	0.117	0.135	0.189
材料	锯成材	m³	0.0480	0.0752	0.0790	0.1110	0.0534	0.0622	0.0870
	其他材料费（占材料费）	%	2.00	2.00	2.00	2.00	2.00	2.00	2.00

工作内容：斗、栱等全部部件放样、套样、选配料、刨光、画线、卷杀、欹顺、作榫卯、
草架摆验的分件制作及分件材料、成品、半成品运输等。　　　　　**计量单位：件**

定　额　编　号			1-6-232	1-6-233	1-6-234	1-6-235	1-6-236	1-6-237
项　　　目			足材华栱前华头子				外插昂	五铺作单下昂
			一跳	二跳	三跳	四跳		
名　　称		单位	消　耗　量					
人工	合计工日	工日	1.600	2.938	4.171	6.218	1.069	2.886
	木工　普工	工日	0.320	0.588	0.834	1.244	0.214	0.577
	木工　一般技工	工日	1.120	2.057	2.920	4.353	0.748	2.020
	木工　高级技工	工日	0.160	0.293	0.417	0.621	0.107	0.289
材料	锯成材	m³	0.0742	0.1350	0.1922	0.2850	0.0490	0.1331
	其他材料费（占材料费）	%	2.00	2.00	2.00	2.00	2.00	2.00

工作内容:斗、栱等全部部件放样、套样、选配料、刨光、画线、卷杀、敕颜、作榫卯、
草架摆验的分件制作及分件材料、成品、半成品运输等。　　　　　　　　计量单位:件

定　额　编　号			1-6-238	1-6-239	1-6-240	1-6-241	1-6-242	1-6-243
项　　　目			六铺作		七铺作			八铺作
			头下昂	二下昂	头下昂	二下昂单材	二下昂足材	头下昂单材
名　　称		单位	消　耗　量					
人工	合计工日	工日	5.086	4.702	5.368	5.065	7.092	5.227
	木工 普工	工日	1.017	0.940	1.074	1.013	1.418	1.046
	木工 一般技工	工日	3.560	3.291	3.758	3.546	4.965	3.659
	木工 高级技工	工日	0.509	0.471	0.536	0.506	0.709	0.522
材料	锯成材	m³	0.2344	0.2160	0.2463	0.2330	0.3261	0.2400
	其他材料费(占材料费)	%	2.00	2.00	2.00	2.00	2.00	2.00

工作内容:斗、栱等全部部件放样、套样、选配料、刨光、画线、卷杀、敕颜、作榫卯、
草架摆验的分件制作及分件材料、成品、半成品运输等。　　　　　　　　计量单位:件

定　额　编　号			1-6-244	1-6-245	1-6-246	1-6-247	1-6-248	1-6-249
项　　　目			八铺作			前(后)耍头		
			二下昂	三下昂单材	三下昂足材	四铺作	五铺作	六铺作
名　　称		单位	消　耗　量					
人工	合计工日	工日	6.951	4.217	5.904	2.885	4.460	6.034
	木工 普工	工日	1.390	0.843	1.181	0.577	0.892	1.207
	木工 一般技工	工日	4.866	2.952	4.133	2.020	3.122	4.224
	木工 高级技工	工日	0.695	0.422	0.590	0.288	0.446	0.603
材料	锯成材	m³	0.3192	0.1940	0.2713	0.1330	0.2051	0.2770
	其他材料费(占材料费)	%	2.00	2.00	2.00	2.00	2.00	2.00

工作内容：斗、栱等全部部件放样、套样、选配料、刨光、画线、卷杀、歔颐、作榫卯、

草架摆验的分件制作及分件材料、成品、半成品运输等。　　　　　　计量单位：件

定 额 编 号			1-6-250	1-6-251	1-6-252	1-6-253	1-6-254	1-6-255
项　目			前(后)耍头		衬方头			
			七铺作	八铺作	四铺作	五铺作	六铺作	七铺作
名　称		单位	消　耗　量					
人 工	合计工日	工日	7.608	7.870	1.124	2.249	3.485	4.417
	木工 普工	工日	1.522	1.574	0.225	0.450	0.697	0.883
	木工 一般技工	工日	5.326	5.509	0.787	1.574	2.440	3.092
	木工 高级技工	工日	0.760	0.787	0.112	0.225	0.348	0.442
材 料	锯成材	m³	0.3490	0.3612	0.0522	0.1035	0.1600	0.2032
	其他材料费(占材料费)	%	2.00	2.00	2.00	2.00	2.00	2.00

工作内容：斗、栱等全部部件放样、套样、选配料、刨光、画线、卷杀、歔颐、作榫卯、

草架摆验的分件制作及分件材料、成品、半成品运输等。　　　　　　计量单位：件

定 额 编 号			1-6-256	1-6-257	1-6-258	1-6-259	1-6-260	1-6-261
项　目			衬方头	慢栱隐栱	虾须栱			
			八铺作		一跳	二跳	三跳	四跳
名　称		单位	消　耗　量					
人 工	合计工日	工日	4.352	2.414	1.336	2.450	3.563	4.675
	木工 普工	工日	0.870	0.483	0.267	0.490	0.713	0.935
	木工 一般技工	工日	3.046	1.690	0.935	1.715	2.494	3.273
	木工 高级技工	工日	0.436	0.241	0.134	0.245	0.356	0.467
材 料	锯成材	m³	0.2000	—	0.0613	0.1120	0.1643	0.2152
	其他材料费(占材料费)	%	2.00	—	2.00	2.00	2.00	2.00

工作内容：斗、栱等全部部件放样、套样、选配料、刨光、画线、卷杀、欹颐、作榫卯、草架摆验的分件制作及分件材料、成品、半成品运输等。 计量单位：件

定 额 编 号			1-6-262	1-6-263	1-6-264	1-6-265	1-6-266	1-6-267
项 目			泥道栱列华栱	足材慢栱列二跳华栱	慢栱隐栱列二跳华栱	足材慢栱列二跳华头子	慢栱隐栱列二跳华头子	柱头方列三跳华头子
名 称		单位			消 耗 量			
人工	合计工日	工日	1.758	2.938	2.938	2.614	2.614	2.614
	木工 普工	工日	0.352	0.588	0.588	0.523	0.523	0.523
	木工 一般技工	工日	1.231	2.057	2.057	1.830	1.830	1.830
	木工 高级技工	工日	0.175	0.293	0.293	0.261	0.261	0.261
材料	锯成材	m³	0.0811	0.1350	0.7952	0.1200	0.0572	0.0990
	其他材料费(占材料费)	%	2.00	2.00	2.00	2.00	2.00	2.00

工作内容：斗、栱等全部部件放样、套样、选配料、刨光、画线、卷杀、欹颐、作榫卯、草架摆验的分件制作及分件材料、成品、半成品运输等。 计量单位：件

定 额 编 号			1-6-268	1-6-269	1-6-270	1-6-271	1-6-272
项 目			角内华栱			五铺作角内	
			一跳	二跳	三跳	下昂	由昂
名 称		单位			消 耗 量		
人工	合计工日	工日	2.671	4.898	7.124	5.714	6.259
	木工 普工	工日	0.534	0.980	1.425	1.143	1.252
	木工 一般技工	工日	1.870	3.428	4.987	4.000	4.381
	木工 高级技工	工日	0.267	0.490	0.712	0.571	0.626
材料	锯成材	m³	0.1231	0.2250	0.3270	0.2622	0.2870
	其他材料费(占材料费)	%	2.00	2.00	2.00	2.00	2.00

工作内容：斗、栱等全部部件放样、套样、选配料、刨光、画线、卷杀、欹颥、作榫卯、
草架摆验的分件制作及分件材料、成品、半成品运输等。　　　　**计量单位：**件

定　额　编　号			1-6-273	1-6-274	1-6-275	1-6-276	1-6-277	1-6-278
项　　目			六铺作角内			七铺作角内		
			头下昂	二下昂	由昂	头下昂	二下昂	由昂
名　　称		单位	消　耗　量					
人工	合计工日	工日	7.193	9.310	10.197	8.312	12.388	13.568
	木工　普工	工日	1.439	1.862	2.039	1.662	2.478	2.714
	木工　一般技工	工日	5.035	6.517	7.138	5.818	8.672	9.498
	木工　高级技工	工日	0.719	0.931	1.020	0.832	1.238	1.356
材料	锯成材	m³	0.3300	0.4271	0.4680	0.3822	0.5690	0.6233
	其他材料费（占材料费）	%	2.00	2.00	2.00	2.00	2.00	2.00

工作内容：斗、栱等全部部件放样、套样、选配料、刨光、画线、卷杀、欹颥、作榫卯、
草架摆验的分件制作及分件材料、成品、半成品运输等。　　　　**计量单位：**件

定　额　编　号			1-6-279	1-6-280	1-6-281	1-6-282	1-6-283	1-6-284
项　　　目			五、六铺作角内前（后）要头	七、八铺作角内前（后）要头	令栱列瓜子栱分首60°	角内华栱前华头子		襻间出半栱连身对隐
						二跳	三跳	
名　　称		单位	消　耗　量					
人工	合计工日	工日	3.153	4.266	2.380	4.193	6.419	2.256
	木工　普工	工日	0.631	0.853	0.476	0.839	1.284	0.451
	木工　一般技工	工日	2.207	2.986	1.666	2.935	4.493	1.579
	木工　高级技工	工日	0.315	0.427	0.238	0.419	0.642	0.226
材料	锯成材	m³	0.1450	0.1962	0.1090	0.1931	0.2950	0.0484
	其他材料费（占材料费）	%	2.00	2.00	2.00	2.00	2.00	2.00

五、襻间、平棊铺作安装

工作内容: 襻间、平棊全部部件及附件安装。　　　　　　　　　　　　　　**计量单位:** 件

定　额　编　号			1-6-285	1-6-286	1-6-287	1-6-288	1-6-289	1-6-290
项　　目			襻间、平棊铺作安装					
			襻间方（m）	栌斗	齐心斗	散斗	单材瓜子栱	单材令栱
			柱头方、罗汉方					
名　　称		单位	消　耗　量					
人工	合计工日	工日	0.152	0.500	0.059	0.051	0.213	0.248
	木工　普工	工日	0.046	0.150	0.018	0.015	0.064	0.074
	木工　一般技工	工日	0.091	0.300	0.035	0.031	0.128	0.149
	木工　高级技工	工日	0.015	0.050	0.006	0.005	0.021	0.025

第七章 木　装　修

说　　明

本章包括门窗、勾栏、平棊、平闇，共 125 个子目。

一、工作内容：

1. 各种装修木部件制安均包括选料、截配料、刨光、画线、制作榫卯，组攒，不包括制成的门窗扇、勾栏整体安装。

2. 门窗扇、勾栏等安装包括整体安装，不包括金属饰件的安装。

二、统一性规定及说明：

1. 定额中分档规格均以成品净尺寸为准，其中直椂楅心以椂条大面宽为准。

2. 平闇椽、峻脚椽以截面边长分档。

工程量计算规则

一、地栿、额、下槛、立颊、槫柱颊、桯、腰串、肘板、副肘板、幅、衬关幅、鸡栖木、门关、望柱、寻杖、椽等按图示长度以米为单位计算。

二、身口板、腰华板、障水板、直棂楅心、勾片棂格以图示尺寸按平方米计算。

三、楅镍柱、手栓伏兔、门砧等以付为单位计算。

四、斗子瘿项蜀柱包括散斗和瘿项蜀柱以份为单位计算，火焰按个计算。

五、平棊、平闇板按水平投影面积计算，平棊、平闇的盝顶板按正投影面积计算，均不扣除椽所占面积。

木 装 修

工作内容:选料、截配料、刨光、画线、制作榫卯,组攒等构件的制作安装。　　　　计量单位:m

定 额 编 号		1-7-1	1-7-2	1-7-3	1-7-4	1-7-5	1-7-6
项 目		枋制安(厚)					
		10cm 以内	12cm 以内	14cm 以内	16cm 以内	18cm 以内	20cm 以内
名 称	单位	消 耗 量					
人工 合计工日	工日	0.450	0.450	0.540	0.540	0.660	0.700
木工 普工	工日	0.113	0.113	0.135	0.135	0.165	0.175
木工 一般技工	工日	0.293	0.293	0.351	0.351	0.429	0.455
木工 高级技工	工日	0.044	0.044	0.054	0.054	0.066	0.070
材料 规格料	m³	0.0230	0.0345	0.0461	0.0572	0.0693	0.0927
其他材料费(占材料费)	%	2.00	2.00	2.00	2.00	2.00	2.00

工作内容:选料、截配料、刨光、画线、制作榫卯,组攒等构件的制作安装。　　　　计量单位:m

定 额 编 号		1-7-7	1-7-8	1-7-9	1-7-10	1-7-11
项 目		地栿制安(厚)				
		10cm 以内	12cm 以内	15cm 以内	18cm 以内	20cm 以内
名 称	单位	消 耗 量				
人工 合计工日	工日	0.260	0.330	0.450	0.490	0.540
木工 普工	工日	0.065	0.083	0.113	0.123	0.135
木工 一般技工	工日	0.169	0.215	0.293	0.319	0.351
木工 高级技工	工日	0.026	0.032	0.044	0.048	0.054
材料 规格料	m³	0.0065	0.0082	0.0127	0.0182	0.0224
圆钉	kg	0.0100	0.0100	0.0100	0.0200	0.0200
其他材料费(占材料费)	%	1.00	1.00	1.00	1.00	1.00

工作内容:选料、截配料、刨光、画线、制作榫卯,组攒等构件的制作安装。 计量单位:m

定 额 编 号			1-7-12	1-7-13	1-7-14	1-7-15
项 目			地栿制安(厚)			
			25cm 以内	30cm 以内	35cm 以内	40cm 以内
名 称		单位	消 耗 量			
人工	合计工日	工日	0.640	0.750	0.860	0.970
	木工 普工	工日	0.160	0.188	0.215	0.243
	木工 一般技工	工日	0.416	0.488	0.559	0.631
	木工 高级技工	工日	0.064	0.074	0.086	0.096
材料	规格料	m³	0.0366	0.0521	0.0703	0.0913
	圆钉	kg	0.0200	0.0300	0.0400	0.0500
	其他材料费(占材料费)	%	1.00	1.00	1.00	1.00

工作内容:选料、截配料、刨光、画线、制作榫卯,组攒等构件的制作安装。 计量单位:m

定 额 编 号			1-7-16	1-7-17	1-7-18	1-7-19	1-7-20	1-7-21
项 目			额、下槛、柽、腰串制安(厚)					
			10cm 以内	12cm 以内	14cm 以内	16cm 以内	20cm 以内	25cm 以内
名 称		单位	消 耗 量					
人工	合计工日	工日	0.300	0.350	0.420	0.500	0.600	0.800
	木工 普工	工日	0.075	0.088	0.105	0.125	0.150	0.200
	木工 一般技工	工日	0.195	0.228	0.273	0.325	0.390	0.520
	木工 高级技工	工日	0.030	0.034	0.042	0.050	0.060	0.080
材料	规格料	m³	0.0180	0.0265	0.0366	0.0462	0.0714	0.1062
	圆钉	kg	0.0200	0.0200	0.0200	0.0300	0.0400	0.0500
	其他材料费(占材料费)	%	1.00	1.00	1.00	1.00	1.00	1.00

工作内容:选料、截配料、刨光、画线、制作榫卯,组攒等构件的制作安装。 计量单位:m²

定 额 编 号		1-7-22	1-7-23	1-7-24	1-7-25
项 目		身口板制安(厚)			
		6cm 以内	8cm 以内	10cm 以内	12cm 以内
名 称	单位	消 耗 量			
人工	合计工日	工日	5.030	5.809	5.621	5.858
	木工 普工	工日	1.258	1.452	1.405	1.465
	木工 一般技工	工日	3.270	3.776	3.654	3.808
	木工 高级技工	工日	0.502	0.581	0.562	0.585
材料	规格料	m³	0.0923	0.1207	0.1491	0.1775
	乳胶	kg	0.4000	0.5000	0.5000	0.5000
	圆钉	kg	0.1000	0.1000	0.1000	0.1000
	其他材料费(占材料费)	%	1.00	1.00	1.00	1.00

工作内容:选料、截配料、刨光、画线、制作榫卯,组攒等构件的制作安装。 计量单位:m

定 额 编 号		1-7-26	1-7-27	1-7-28	1-7-29
项 目		肘板制安(厚)			
		9cm 以内	12cm 以内	15cm 以内	18cm 以内
名 称	单位	消 耗 量			
人工	合计工日	工日	1.731	2.389	3.142	3.866
	木工 普工	工日	0.433	0.597	0.786	0.967
	木工 一般技工	工日	1.125	1.553	2.042	2.513
	木工 高级技工	工日	0.173	0.239	0.314	0.386
材料	规格料	m³	0.0420	0.0720	0.1120	0.1600
	乳胶	kg	0.1800	0.3100	0.4800	0.6900
	圆钉	kg	0.1000	0.1000	0.1000	0.1000
	其他材料费(占材料费)	%	1.00	1.00	1.00	1.00

工作内容:选料、截配料、刨光、画线、制作榫卯,组攒等构件的制作安装。　　　　　　计量单位:m

定　额　编　号			1-7-30	1-7-31	1-7-32	1-7-33
项　　　目			副肘板制安(厚)			
			7.5cm 以内	10cm 以内	12.5cm 以内	15cm 以内
名　　　称		单位	消　耗　量			
人工	合计工日	工日	1.900	2.277	3.074	3.741
	木工 普工	工日	0.475	0.569	0.769	0.935
	木工 一般技工	工日	1.235	1.480	1.998	2.432
	木工 高级技工	工日	0.190	0.228	0.307	0.374
材料	规格料	m³	0.0138	0.0239	0.0367	0.0403
	乳胶	kg	0.1500	0.2600	0.4000	0.5700
	圆钉	kg	0.1000	0.1000	0.1000	0.1000
	其他材料费(占材料费)	%	1.00	1.00	1.00	1.00

工作内容:选料、截配料、刨光、画线、制作榫卯,组攒等构件的制作安装。　　　　　　计量单位:m

定　额　编　号			1-7-34	1-7-35	1-7-36	1-7-37
项　　　目			槅、衬关槅制安(厚)			
			7.5cm 以内	10cm 以内	12.5cm 以内	15cm 以内
名　　　称		单位	消　耗　量			
人工	合计工日	工日	0.370	0.500	0.630	0.750
	木工 普工	工日	0.093	0.125	0.158	0.188
	木工 一般技工	工日	0.241	0.325	0.410	0.488
	木工 高级技工	工日	0.036	0.050	0.062	0.074
材料	规格料	m³	0.0138	0.0239	0.0367	0.0403
	圆钉	kg	0.0120	0.0120	0.0120	0.0150
	其他材料费(占材料费)	%	1.00	1.00	1.00	1.00

工作内容：选料、截配料、刨光、画线、制作榫卯，组攒等构件的制作安装。　　**计量单位：**m

定额编号			1-7-38	1-7-39	1-7-40	1-7-41	1-7-42	1-7-43
项目			鸡栖木制安（厚）			楹鐶柱制安（门高）		
						付		
			7.5cm以内	10cm以内	15cm以内	3.30m以内	4.00m以内	5.00m以内
名称		单位	消耗量					
人工	合计工日	工日	1.100	1.390	1.840	1.750	2.100	2.600
	木工 普工	工日	0.275	0.348	0.460	0.438	0.525	0.650
	木工 一般技工	工日	0.715	0.904	1.196	1.138	1.365	1.690
	木工 高级技工	工日	0.110	0.138	0.184	0.174	0.210	0.260
材料	规格料	m^3	0.0169	0.0294	0.0645	0.0952	0.1232	0.1554
	乳胶	kg	—	—	—	0.5000	0.5000	0.6000
	圆钉	kg	0.0100	0.0100	0.0200	0.2500	0.2500	0.3000
	其他材料费（占材料费）	%	1.00	1.00	1.00	1.00	1.00	1.00

工作内容：选料、截配料、刨光、画线、制作榫卯，组攒等构件的制作安装。　　**计量单位：**m

定额编号			1-7-44	1-7-45	1-7-46	1-7-47	1-7-48
项目			门关制安（直径）				
			10cm以内	13cm以内	15cm以内	17cm以内	20cm以内
名称		单位	消耗量				
人工	合计工日	工日	0.110	0.150	0.170	0.190	0.230
	木工 普工	工日	0.028	0.038	0.043	0.048	0.058
	木工 一般技工	工日	0.072	0.098	0.111	0.124	0.150
	木工 高级技工	工日	0.010	0.014	0.016	0.018	0.022
材料	规格料	m^3	0.0118	0.0195	0.0328	0.0418	0.0574
	其他材料费（占材料费）	%	1.00	1.00	1.00	1.00	1.00

工作内容:选料、截配料、刨光、画线、制作榫卯,组攒等构件的制作安装。　　　　　　　　**计量单位:**付

定　额　编　号			1-7-49	1-7-50	1-7-51	1-7-52
项　　　目			手栓伏兔	门砧制作安装(门高)		
				3.30m 以内	4.00m 以内	5.00m 以内
名　　　称		单位	消　耗　量			
人工	合计工日	工日	0.450	1.450	1.800	2.300
	木工　普工	工日	0.113	0.363	0.450	0.575
	木工　一般技工	工日	0.293	0.943	1.170	1.495
	木工　高级技工	工日	0.044	0.144	0.180	0.230
材料	规格料	m³	0.0150	0.1084	0.1663	0.4054
	乳胶	kg	0.2000	—	—	—
	圆钉	kg	0.1000	0.1000	0.2000	0.3000
	其他材料费(占材料费)	%	1.00	1.00	1.00	1.00

工作内容:选料、截配料、刨光、画线、制作榫卯,组攒等构件的制作安装。　　　　　　　　**计量单位:**m²

定　额　编　号			1-7-53	1-7-54	1-7-55	1-7-56
项　　　目			腰华板制安(厚)			
			1.5cm 以内	2cm 以内	2.5cm 以内	3cm 以内
名　　　称		单位	消　耗　量			
人工	合计工日	工日	7.335	7.785	8.235	8.685
	木工　普工	工日	1.834	1.946	2.058	2.171
	木工　一般技工	工日	4.768	5.060	5.353	5.645
	木工　高级技工	工日	0.733	0.779	0.824	0.869
材料	规格料	m³	0.0222	0.0277	0.0332	0.0388
	乳胶	kg	0.2000	0.2000	0.3000	0.4000
	圆钉	kg	0.0700	0.0700	0.1000	0.1000
	其他材料费(占材料费)	%	1.00	1.00	1.00	1.00
机械	木工双面压刨床 600mm	台班	0.0110	0.0110	0.0110	0.0110

工作内容：选料、截配料、刨光、画线、制作榫卯，组攒等构件的制作安装。　　　　　　　　计量单位：m²

定　额　编　号			1-7-57	1-7-58	1-7-59	1-7-60	1-7-61	1-7-62	1-7-63
项　　　目			障水板制安（厚）				直棂槅心（棂条宽）		
			1.5cm 以内	2cm 以内	2.5cm 以内	3cm 以内	5.6cm 以内	8.3cm 以内	11cm 以内
名　　　称		单位	消　耗　量						
人工	合计工日	工日	6.480	6.930	7.380	7.830	1.350	2.070	2.790
	木工　普工	工日	1.620	1.733	1.845	1.958	0.338	0.518	0.698
	木工　一般技工	工日	4.212	4.505	4.797	5.090	0.878	1.346	1.814
	木工　高级技工	工日	0.648	0.692	0.738	0.782	0.134	0.206	0.278
材料	规格料	m³	0.0217	0.0271	0.0325	0.0379	0.0192	0.0272	0.0361
	乳胶	kg	0.0600	0.0800	0.1000	0.1200	0.2500	0.3000	0.3500
	圆钉	kg	0.0200	0.0300	0.0300	0.0300	0.1000	0.1500	0.2000
	其他材料费（占材料费）	%	1.00	1.00	1.00	1.00	1.00	1.00	1.00
机械	木工双面压刨床 600mm	台班	0.0110	0.0110	0.0110	0.0110	0.0110	0.0110	0.0110

工作内容：选料、截配料、刨光、画线、制作榫卯，组攒等构件的制作安装。　　　　　　　　计量单位：m³

定　额　编　号			1-7-64	1-7-65	1-7-66	1-7-67	1-7-68	1-7-69
项　　　目			勾栏方望柱制安（截面边长）					
			10cm 以内	12cm 以内	14cm 以内	16cm 以内	18cm 以内	20cm 以内
名　　　称		单位	消　耗　量					
人工	合计工日	工日	46.000	38.200	33.160	28.510	25.610	23.000
	木工　普工	工日	11.500	9.550	8.290	7.128	6.403	5.750
	木工　一般技工	工日	29.900	24.830	21.554	18.532	16.647	14.950
	木工　高级技工	工日	4.600	3.820	3.316	2.850	2.560	2.300
材料	规格料	m³	1.1800	1.1600	1.1300	1.1200	1.1100	1.1000
	其他材料费（占材料费）	%	1.00	1.00	1.00	1.00	1.00	1.00

工作内容:选料、截配料、刨光、画线、制作榫卯,组攒等构件的制作安装。 计量单位:m³

定　额　编　号			1-7-70	1-7-71	1-7-72	1-7-73	1-7-74	1-7-75
项　　　目			勾栏圆望柱制安(直径)					
			10cm 以内	12cm 以内	14cm 以内	16cm 以内	18cm 以内	20cm 以内
名　　　称		单位	消　耗　量					
人工	合计工日	工日	68.790	57.530	49.380	42.770	38.040	34.400
	木工 普工	工日	17.198	14.383	12.345	10.693	9.510	8.600
	木工 一般技工	工日	44.714	37.395	32.097	27.801	24.726	22.360
	木工 高级技工	工日	6.878	5.752	4.938	4.276	3.804	3.440
材料	原木	m³	1.1500	1.1500	1.1500	1.1500	1.1500	1.1500
	其他材料费(占材料费)	%	1.00	1.00	1.00	1.00	1.00	1.00

工作内容:选料、截配料、刨光、画线、制作榫卯,组攒等构件的制作安装。 计量单位:份

定　额　编　号			1-7-76	1-7-77	1-7-78	1-7-79	1-7-80
项　　　目			斗子瘿项蜀柱制安(高)				
			15cm 以内	20cm 以内	25cm 以内	30cm 以内	35cm 以内
名　　　称		单位	消　耗　量				
人工	合计工日	工日	0.100	0.160	0.300	0.550	0.890
	木工 普工	工日	0.025	0.040	0.075	0.138	0.223
	木工 一般技工	工日	0.065	0.104	0.195	0.358	0.579
	木工 高级技工	工日	0.010	0.016	0.030	0.054	0.088
材料	规格料	m³	0.0010	0.0025	0.0048	0.0090	0.0132
	乳胶	kg	0.0100	0.0300	0.0600	0.0900	0.1200
	其他材料费(占材料费)	%	1.00	1.00	1.00	1.00	1.00

工作内容: 选料、截配料、刨光、画线、制作榫卯,组攒等构件的制作安装。　　　　　　　　　　　计量单位:份

定　额　编　号			1-7-81	1-7-82	1-7-83	1-7-84	1-7-85
项　　　　目			火焰制安(直径)				
			15cm 以内	20cm 以内	25cm 以内	30cm 以内	35cm 以内
名　　　称		单位	消　耗　量				
人工	合计工日	工日	0.160	0.360	0.660	1.000	1.400
	木工 普工	工日	0.040	0.090	0.165	0.250	0.350
	木工 一般技工	工日	0.104	0.234	0.429	0.650	0.910
	木工 高级技工	工日	0.016	0.036	0.066	0.100	0.140
材料	规格料	m³	0.0029	0.0055	0.0122	0.0249	0.0465
	乳胶	kg	0.0300	0.0500	0.0800	0.1000	0.1200
	其他材料费(占材料费)	%	1.00	1.00	1.00	1.00	1.00

工作内容: 选料、截配料、刨光、画线、制作榫卯,组攒等构件的制作安装。　　　　　　　　　　　计量单位:m

定　额　编　号			1-7-86	1-7-87	1-7-88	1-7-89	1-7-90
项　　　　目			盆唇制安(厚)				
			5cm 以内	8cm 以内	10cm 以内	12cm 以内	15cm 以内
名　　　称		单位	消　耗　量				
人工	合计工日	工日	0.350	0.550	0.680	0.830	1.000
	木工 普工	工日	0.088	0.138	0.170	0.208	0.250
	木工 一般技工	工日	0.228	0.358	0.442	0.540	0.650
	木工 高级技工	工日	0.034	0.054	0.068	0.082	0.100
材料	规格料	m³	0.0061	0.0147	0.0226	0.0322	0.0496
	乳胶	kg	0.0500	0.0800	0.1000	0.1200	0.1500
	其他材料费(占材料费)	%	1.00	1.00	1.00	1.00	1.00

工作内容:选料、截配料、刨光、画线、制作榫卯,组攒等构件的制作安装。　　　　　　　计量单位:m²

定　额　编　号			1-7-91	1-7-92	1-7-93	1-7-94	1-7-95	1-7-96
项　　　　目			勾片格制安(棂条厚)			勾片护板制安		
			3cm 以内	5cm 以内	7cm 以内	胶合板	木板 1.5cm 厚	每增厚 0.5cm
名　　称		单位	消　耗　量					
人 工	合计工日	工日	1.260	2.100	2.950	0.150	0.400	0.077
	木工 普工	工日	0.315	0.525	0.738	0.038	0.100	0.019
	木工 一般技工	工日	0.819	1.365	1.918	0.098	0.260	0.050
	木工 高级技工	工日	0.126	0.210	0.294	0.014	0.040	0.008
材 料	规格料	m³	0.0103	0.0252	0.0488	—	0.0210	0.0060
	三夹板	m²	—	—	—	1.0600	—	—
	圆钉	kg	—	—	—	0.0100	0.0500	0.0300
	乳胶	kg	0.1500	0.2500	0.3500	—	0.0500	0.0300
	其他材料费(占材料费)	%	1.00	1.00	1.00	1.00	1.00	1.00

工作内容:整体安装,不包括金属饰件的安装。　　　　　　　　　　　　　　　　　　计量单位:m²

定　额　编　号			1-7-97	1-7-98	1-7-99	1-7-100
项　　　　目			板门安装	格子门安装		
			门边厚 16cm	转轴连接	合页铰接	固定
名　　称		单位	消　耗　量			
人 工	合计工日	工日	1.000	1.000	0.300	0.200
	木工 普工	工日	0.250	0.250	0.075	0.050
	木工 一般技工	工日	0.650	0.650	0.195	0.130
	木工 高级技工	工日	0.100	0.100	0.030	0.020
材 料	规格料	m³	—	0.0100	—	—
	木螺丝	个	—	16.0000	18.0000	—
	圆钉	kg	0.0400	0.0400	—	0.0600
	自制小五金	kg	3.2700	0.5800	—	—
	机制小五金	kg	—	—	—	—
	乳胶	kg	—	0.0500	—	—
	其他材料费(占材料费)	%	1.00	1.00	1.00	1.00

工作内容: 整体安装,不包括金属饰件的安装。　　　　　　　　　　　　　　　　　　　计量单位:m²

定　额　编　号		1-7-101	1-7-102	1-7-103	1-7-104
项　　目		直棂窗安装			勾栏安装
		转轴连接	合页连接	固定	
名　　称	单位	消　耗　量			
人工	合计工日	工日	1.000	0.300	0.200	0.500
	木工 普工	工日	0.250	0.075	0.050	0.125
	木工 一般技工	工日	0.650	0.195	0.130	0.325
	木工 高级技工	工日	0.100	0.030	0.020	0.050
材料	规格料	m³	0.0100	—	—	—
	木螺丝	个	23.0000	18.0000	—	—
	圆钉	kg	0.0400	—	0.0600	0.0200
	自制小五金	kg	0.8400	—	—	—
	机制小五金	kg	—	—	—	—
	乳胶	kg	0.0500	—	—	0.0200
	其他材料费(占材料费)	%	1.00	1.00	1.00	1.00

工作内容: 选料、截配料、刨光、画线、制作榫卯,组攒等构件的制作安装。　　　　　　　　　　计量单位:m

定　额　编　号		1-7-105	1-7-106	1-7-107	1-7-108	1-7-109	1-7-110	1-7-111
项　　目		峻脚椽制安(截面边长)						
		4cm 以内	5cm 以内	6cm 以内	7cm 以内	8cm 以内	9cm 以内	10cm 以内
名　　称	单位	消　耗　量						
人工	合计工日	工日	0.050	0.050	0.050	0.059	0.059	0.059	0.059
	木工 普工	工日	0.013	0.013	0.013	0.015	0.015	0.015	0.015
	木工 一般技工	工日	0.033	0.033	0.033	0.038	0.038	0.038	0.038
	木工 高级技工	工日	0.004	0.004	0.004	0.006	0.006	0.006	0.006
材料	规格料	m³	0.0029	0.0045	0.0063	0.0084	0.0103	0.0135	0.0165
	圆钉	kg	0.0200	0.0200	0.0200	0.0200	0.0300	0.0300	0.0400
	其他材料费(占材料费)	%	1.00	1.00	1.00	1.00	1.00	1.00	1.00
机械	木工圆锯机 500mm	台班	0.0080	0.0080	0.0080	0.0080	0.0080	0.0080	0.0080

工作内容:选料、截配料、刨光、画线、制作榫卯,组攒等构件的制作安装。　　　　　　　　　　　计量单位:m

定　额　编　号			1-7-112	1-7-113	1-7-114	1-7-115	1-7-116	1-7-117	1-7-118
项　　　　目			平棊(平闇)椽制安(截面边长)						
			4cm 以内	5cm 以内	6cm 以内	7cm 以内	8cm 以内	9cm 以内	10cm 以内
名　　　称		单位	消　耗　量						
人 工	合计工日	工日	0.151	0.188	0.198	0.198	0.216	0.238	0.257
	木工 普工	工日	0.038	0.047	0.050	0.050	0.054	0.060	0.064
	木工 一般技工	工日	0.098	0.122	0.128	0.128	0.140	0.155	0.167
	木工 高级技工	工日	0.015	0.019	0.020	0.020	0.022	0.023	0.026
材 料	规格料	m³	0.0028	0.0043	0.0060	0.0080	0.0102	0.0128	0.0156
	其他材料费(占材料费)	%	1.00	1.00	1.00	1.00	1.00	1.00	1.00
机 械	木工圆锯机 500mm	台班	0.0080	0.0080	0.0080	0.0080	0.0080	0.0080	0.0080

工作内容:选料、截配料、刨光、画线、制作榫卯,组攒等构件的制作安装。　　　　　　　　　　　计量单位:m²

定　额　编　号			1-7-119	1-7-120	1-7-121	1-7-122	1-7-123	1-7-124	1-7-125
项　　　　目			平棊(平闇) 素板制安(厚)			平棊(平闇)盝顶 素板制安(厚)			平闇 胶合板 制作 安装
			2cm 以内	2.5cm 以内	3cm 以内	2cm 以内	2.5cm 以内	3cm 以内	
名　　　称		单位	消　耗　量						
人 工	合计工日	工日	0.324	0.360	0.396	0.396	0.459	0.522	0.180
	木工 普工	工日	0.081	0.090	0.099	0.099	0.115	0.131	0.045
	木工 一般技工	工日	0.211	0.234	0.257	0.257	0.298	0.339	0.117
	木工 高级技工	工日	0.032	0.036	0.040	0.040	0.046	0.052	0.018
材 料	规格料	m³	0.0403	0.0491	0.0579	0.0403	0.0491	0.0579	—
	三夹板	m²	—	—	—	—	—	—	1.0600
	圆钉	kg	0.0400	0.0500	0.0500	0.0400	0.0500	0.0500	0.0360
	乳胶	kg	0.2000	0.3000	0.4000	0.2000	0.3000	0.4000	—
	其他材料费(占材料费)	%	1.00	1.00	1.00	1.00	1.00	1.00	1.00
机 械	木工双面压刨床 600mm	台班	0.0110	0.0110	0.0110	0.0110	0.0110	0.0110	0.0110

第八章 金 属 构 件

说　　明

本章共 20 个子目。

一、工作内容：

1. 包括下料、画线、截剪、制作成型、雕镂花饰装钉。

2. 本章中的铜板包饰件主要是指梁头、枋头、昂头、门窗面页等构件的包饰。

二、统一性规定及说明：

本章子目不适合木构架保护加固。

工程量计算规则

一、铜板包饰件按实包面积计算。

二、卷草纹铜饰件按梁头、昂头、悬鱼面积计算。

三、铺首、门钉、风铎等按个计算。

金 属 饰 件

工作内容：下料、画线、截剪、制作成型、雕镂花饰装订。　　　　　　　　　　　　　　计量单位：m²

定 额 编 号			1-8-1	1-8-2	1-8-3	1-8-4	1-8-5	1-8-6
项　　　目			铜板包饰					
			圆形（板厚）			矩形（板厚）		
			1mm	2mm	3mm	1mm	2mm	3mm
名　　称		单位	消 耗 量					
人 工	合计工日	工日	1.050	1.580	2.110	0.500	0.750	1.010
	普工	工日	0.105	0.158	0.211	0.050	0.075	0.101
	一般技工	工日	0.840	1.264	1.688	0.400	0.600	0.808
	高级技工	工日	0.105	0.158	0.211	0.050	0.075	0.101
材 料	铜板（综合）	kg	9.4610	18.9800	28.4620	9.1130	18.2250	27.3380
	铜钉	个	81.0800	81.0800	81.0800	68.6700	68.6700	68.6700
	其他材料费（占材料费）	%	1.00	1.00	1.00	1.00	1.00	1.00

工作内容：下料、画线、截剪、制作成型、雕镂花饰装订。　　　　　　　　　　　　　　计量单位：m²

定 额 编 号			1-8-7	1-8-8	1-8-9	1-8-10	1-8-11	1-8-12
项　　　目			卷草纹铜饰					
			厚1mm（面积）			厚2mm（面积）		
			0.1m²以内	0.15m²以内	0.2m²以内	0.1m²以内	0.15m²以内	0.2m²以内
名　　称		单位	消 耗 量					
人 工	合计工日	工日	17.500	15.170	13.990	26.240	22.750	20.990
	普工	工日	1.750	1.517	1.399	2.624	2.275	2.099
	一般技工	工日	14.000	12.136	11.192	20.992	18.200	16.792
	高级技工	工日	1.750	1.517	1.399	2.624	2.275	2.099
材 料	铜板（综合）	kg	9.1840	9.1310	9.1000	18.3680	18.2610	18.2100
	铜钉	个	130.9300	130.9300	130.9300	130.9300	130.9300	130.9300
	其他材料费（占材料费）	%	1.00	1.00	1.00	1.00	1.00	1.00

工作内容:下料、画线、截剪、制作成型、雕镂花饰装订。 计量单位:m²

定 额 编 号			1-8-13	1-8-14	1-8-15	1-8-16	1-8-17
项 目			卷草纹铜饰			铜(铁)铺首(直径)	
			厚3mm(面积)			15cm以内	30cm以内
			0.1m²以内	0.15m²以内	0.2m²以内	个	
名 称		单位	消 耗 量				
人工	合计工日	工日	34.990	30.340	27.980	0.070	0.180
	普工	工日	3.499	3.034	2.798	0.007	0.018
	一般技工	工日	27.992	24.272	22.384	0.056	0.144
	高级技工	工日	3.499	3.034	2.798	0.007	0.018
材料	铜板(综合)	kg	27.5520	27.3910	27.3110	—	—
	铜铺首	个	—	—	—	1.0000	1.0000
	铜钉	个	130.9300	130.9300	130.9300	4.1200	4.1200
	其他材料费(占材料费)	%	1.00	1.00	1.00	1.00	1.00

工作内容:下料、画线、截剪、制作成型、雕镂花饰装订。 计量单位:个

定 额 编 号			1-8-18	1-8-19	1-8-20
项 目			铜(铁)风铎安装	铜(铁)门钉安装	
				φ8cm以内	φ8cm以外
名 称		单位	消 耗 量		
人工	合计工日	工日	0.540	0.030	0.040
	普工	工日	0.054	0.003	0.004
	一般技工	工日	0.432	0.024	0.032
	高级技工	工日	0.054	0.003	0.004
材料	铜(铁)风铎	个	1.0000	—	—
	铜门钉	个	—	1.0200	1.0200
	挂钩	只	1.0000	—	—

第九章　彩画工程

说　　明

本章包括衬地、唐代卷草纹彩画,共 2 节 13 个子目。

一、工作内容:

1.刷胶包括清扫擦净木质基底,通刷一遍胶。

2.衬地包括配料、通刷等。

3.彩画包括起扎谱子、衬色、按图谱分别布色、填色、叠晕、描线、压线等。

二、统一性规定及说明:

1.衬地为彩绘之基层(亦相当于明清做法之地仗),按彩绘的不同编制分别选用。

2.唐代彩画是以敦煌壁画为依据,并参考日本平等院凤凰堂图案编制的,色调主要为青、绿、蓝晕地,黑色贯通连珠纹线条,红、绿、青相间团花或白地红绿色串枝花。

工程量计算规则

一、上架大木彩画均按展开面积以平方米为单位计算工程量。

二、平棊、平闇彩画以水平投影面积计算工程量,平棊、平闇的盝顶以斜投影面积计算工程量。

三、铺作以朵为单位按展开面积表计算,以平方米为单位计算工程量。

铺作展开面积表说明

有关规定及说明：

1. 铺作展开面积：从栌斗至令栱上散斗止，包括所有栌斗、散斗、栱、昂、耍头、衬头方，不包括替木、柱头枋、罗汉枋、遮椽板及隐栱等构件的面积。

2. 与转角铺作相连接的柱头枋、罗汉枋均以转角铺作中线为界。中线以外按转角铺作计算，中线以内按柱头枋、罗汉枋另外计算工程量。

3. 铺作展开面积表分为补间柱头一档，转角一档，外转、里转各一档，"上面"指单材构件的上表面面积。工程量分别计算，如为彩画时，上面面积按单色油漆计算工程量，执行明、清分册相应子目。

4. 铺作展开面积详见下列附表。

铺作展开面积表工程量计算规则

一、表中展开面积均为一朵铺作展开面积。

二、補间铺作、柱头铺作按一个单位计算,转角铺作另外按一个单位计算。

三、铺作用材不同时,按下列系数换算工程量。非标准用材时,可以按插入法计算工程量。

材等	一等材	二等材	三等材	四等材	五等材	六等材	七等材	八等材
规格(mm)	192×288	176×264	160×240	153.5×230.4	140.8×211.2	128×192	112×168	96×144
系数	1.44	1.21	1	0.9216	0.7744	0.640	0.49	0.36

三等材铺作展开面积表

序号	铺作分类名称		单位	展开面积（m²）			
				外转		里转	
				正身	上面	正身	上面
1	斗口跳	補间、柱头铺作	朵	1.860	0.062	1.368	0.062
		转角铺作		3.278	0.174	1.470	0.174
2	把头绞项作	補间、柱头铺作	朵	1.329	0.285	0.945	0.126
		转角铺作		2.013	0.341	0.907	0.213
3	四铺作重栱外插昂	補间、柱头铺作	朵	5.414	0.387	3.839	0.387
		转角铺作		14.598	1.438	4.259	0.351
4	四铺作重栱里外卷头	補间、柱头铺作	朵	4.525	0.387	4.290	0.387
		转角铺作		12.330	1.809	4.080	0.242
5	五铺作单栱计心双抄里外卷头（全用令栱）	補间、柱头铺作	朵	6.174	0.740	6.174	0.740
		转角铺作		20.176	2.213	8.440	1.030
6	五铺作壁内单栱双抄里外卷头并偷心	補间、柱头铺作	朵	5.221	0.400	5.221	0.400
		转角铺作		16.247	1.450	7.252	0.774
7	五铺作重栱计心单抄单下昂里转五铺作	補间、柱头铺作	朵	9.684	0.280	9.268	0.280
		转角铺作		27.621	2.546	12.137	1.265
8	五铺作偷心壁内重栱单抄单下昂里转五铺作	補间、柱头铺作	朵	6.368	0.280	6.188	0.280
		转角铺作		20.494	1.179	9.147	0.251
9	六铺作重栱计心单抄双下昂里转五铺作	補间、柱头铺作	朵	13.795	0.292	10.587	0.387
		转角铺作		40.154	4.053	16.363	1.148
10	六铺作重栱计心双抄单下昂里转五铺作	補间、柱头铺作	朵	14.046	0.356	9.404	0.451
		转角铺作		38.853	4.053	14.689	1.148
11	六铺作偷心壁内重栱单抄双下昂里转五铺作	補间、柱头铺作	朵	8.623	0.292	8.001	0.387
		转角铺作		26.535	1.369	12.697	0.502
12	六铺作单栱计心壁内重栱单抄双下昂里转五铺作	補间、柱头铺作	朵	10.825	0.292	9.102	0.387
		转角铺作		34.123	2.726	14.806	0.835
13	六铺作重栱计心内外卷头	補间、柱头铺作	朵	11.750	0.541	11.750	0.541
		转角铺作		44.971	5.590	17.577	2.175
14	六铺作单栱计心壁内重栱内外卷头	補间、柱头铺作	朵	9.958	0.540	9.958	0.541
		转角铺作		34.066	3.567	13.542	1.397
15	六铺作偷心壁内重栱内外卷头	補间、柱头铺作	朵	7.757	0.541	7.757	0.541
		转角铺作		23.314	1.786	10.163	0.828
16	七铺作重栱计心双抄双下昂里转六铺作	補间、柱头铺作	朵	18.036	1.770	13.991	1.419
		转角铺作		66.274	7.217	25.243	2.547

续表

序号	铺作分类名称		单位	展开面积（m²）			
				外转		里转	
				正身	上面	正身	上面
17	七铺作单栱计心壁内重栱双抄双下昂里转六铺作	補间、柱头铺作	朵	14.288	1.063	11.493	0.948
		转角铺作		57.011	5.025	24.801	2.081
18	七铺作偷心壁内重栱双抄双下昂里转六铺作	補间、柱头铺作	朵	11.462	0.587	9.609	0.630
		转角铺作		34.817	1.462	17.041	1.200
19	七铺作重栱计心里外卷头	補间、柱头铺作	朵	16.490	1.800	16.489	1.800
		转角铺作		59.565	7.203	24.115	2.958
20	七铺作单栱计心壁内重栱里外卷头	補间、柱头铺作	朵	12.742	1.094	12.742	1.094
		转角铺作		47.062	5.052	18.350	1.791
21	七铺作偷心壁内重栱里外卷头	補间、柱头铺作	朵	9.915	0.618	9.915	0.618
		转角铺作		30.576	2.021	13.107	0.910
22	八铺作重栱计心双抄三下昂里转六铺作	補间、柱头铺作	朵	22.852	2.271	17.184	1.741
		转角铺作		83.132	8.983	33.380	2.627
23	八铺作偷心壁内重栱双抄三下昂外二跳重栱计心里转六铺作	補间、柱头铺作	朵	16.280	1.089	11.655	0.742
		转角铺作		50.272	3.464	21.379	0.502
24	八铺作并偷心壁内重栱双抄三下昂里转六铺作并偷心	補间、柱头铺作	朵	14.087	0.694	11.655	0.742
		转角铺作		42.858	1.677	21.072	0.502
25	八铺作并偷心壁内重栱三抄双下昂里转六铺作	補间、柱头铺作	朵	13.946	0.694	9.975	0.742
		转角铺作		42.971	1.677	19.436	0.476
26	外跳卷头五铺作里跳上昂六铺作并重栱计心	補间、柱头铺作	朵	8.350	0.781	8.840	0.825
		转角铺作		25.251	3.116	12.366	1.318
27	外跳卷头五铺作里跳上昂六铺作壁内重栱并偷心	補间、柱头铺作	朵	6.1588	0.387	6.650	0.431
		转角铺作		18.083	1.748	8.925	0.616
28	外跳卷头六铺作里跳上昂七铺作并重栱计心	補间、柱头铺作	朵	13.037	1.242	10.716	0.705
		转角铺作		44.530	5.575	15.376	1.148
29	外跳卷头六铺作里跳上昂七铺作壁内重栱并偷心	補间、柱头铺作	朵	8.655	0.454	8.523	0.310
		转角铺作		25.443	1.970	11.546	0.502
30	外跳卷头六铺作里跳重上昂七铺作并重栱计心	補间、柱头铺作	朵	13.709	1.165	12.634	0.917
		转角铺作		44.487	5.575	19.830	1.555
31	外跳卷头六铺作里跳重上昂七铺作壁内重栱并偷心	補间、柱头铺作	朵	9.326	0.377	10.443	0.523
		转角铺作		25.379	1.970	15.120	0.767
32	外跳卷头六铺作里跳重上昂八铺作并重栱计心	補间、柱头铺作	朵	14.797	1.385	15.786	0.920
		转角铺作		47.537	5.505	22.085	1.291
33	外跳卷头六铺作里跳重上昂八铺作壁内重栱并偷心	補间、柱头铺作	朵	10.415	0.597	13.594	0.525
		转角铺作		27.958	1.900	17.375	0.502

一、衬 地

工作内容:清扫擦净木质基底,通刷一遍胶。配料、通刷等。 计量单位:m²

定 额 编 号		1-9-1	1-9-2	1-9-3
项 目		衬 地		
		刷胶	碾玉装地	五彩遍装地
名 称	单位	消 耗 量		
人工 合计工日	工日	0.090	0.030	0.180
彩画工 普工	工日	0.036	0.012	0.072
彩画工 一般技工	工日	0.045	0.015	0.090
彩画工 高级技工	工日	0.009	0.003	0.018
材料 骨胶	kg	0.0600	0.1000	0.0600
砂纸	张	0.2200	—	—
茶土	kg	—	0.1700	—
青淀	kg	—	0.0800	—
白土	kg	—	—	0.4400
铅粉 62#	kg	—	—	0.0800
其他材料费(占材料费)	%	1.00	1.00	1.00

二、唐代卷草纹彩画

工作内容:起扎谱子、衬色、按图谱分别布色、填色、叠晕、描线、压线等。 计量单位:m²

定 额 编 号			1-9-4	1-9-5	1-9-6	1-9-7
项 目			唐代卷草纹花卉彩画			
			柱头连珠纹缠枝牡丹花	阑额团华连珠纹	驼峰牡丹纹	铺作
名 称		单位	消 耗 量			
人 工	合计工日	工日	1.100	0.830	1.030	0.970
	彩画工 普工	工日	0.220	0.166	0.206	0.194
	彩画工 一般技工	工日	0.770	0.581	0.721	0.679
	彩画工 高级技工	工日	0.110	0.083	0.103	0.097
材 料	铅粉 62#	kg	0.0500	0.0300	—	—
	黄丹粉	kg	0.0800	0.0200	—	0.0200
	石黄	kg	0.0400	0.0200	0.0200	0.0500
	红丹粉	kg	0.0400	0.0200	0.0300	0.0600
	紫粉	kg	0.0300	0.0300	0.0600	0.1000
	巴黎绿	kg	0.0300	0.1100	0.0400	0.0600
	群青	kg	0.0400	0.0400	0.0500	0.0600
	松烟	kg	0.0500	0.0200	0.0300	—
	细墨	kg	0.0030	0.0030	0.0030	0.0100
	骨胶	kg	0.0800	0.0700	0.0600	0.0900
	熟桐油	kg	0.0100	0.0100	0.0100	0.0100
	石墨粉 高碳	kg	—	—	—	0.0100
	面粉	kg	—	—	—	0.0100
	其他材料费(占材料费)	%	1.00	1.00	1.00	1.00

工作内容:起扎谱子、衬色、按图谱分别布色、填色、叠晕、描线、压线等。　　　　　　　　　计量单位:m²

定 额 编 号			1-9-8	1-9-9	1-9-10	1-9-11	1-9-12	1-9-13
项　　　　目			唐代卷草纹彩画				斗子蜀柱转角用望柱栏杆	
			平暗椽簇花	平暗板团花	峻脚椽串枝花	盝顶平暗板串枝花	不分色	分色
名　　称		单位	消　耗　量					
人工	合计工日	工日	0.830	1.800	1.770	1.410	0.340	0.440
	彩画工 普工	工日	0.166	0.360	0.354	0.282	0.068	0.088
	彩画工 一般技工	工日	0.581	1.260	1.239	0.987	0.238	0.308
	彩画工 高级技工	工日	0.083	0.180	0.177	0.141	0.034	0.044
材料	铅粉 62#	kg	0.1200	0.2500	0.1200	0.2800	—	—
	石黄	kg	0.0600	—	0.0700	—	—	—
	红丹粉	kg	0.4100	0.0300	0.5000	0.0100	0.4500	0.4500
	紫粉	kg	0.1300	—	0.1700	—	—	—
	银珠	kg	—	—	—	—	0.2300	0.2300
	巴黎绿	kg	0.0100	0.0300	0.0500	0.0400	0.0200	0.2700
	群青	kg	0.1000	0.0100	0.0900	—	—	—
	松烟	kg	0.0400	0.0100	0.0200	0.0100	—	—
	细墨	kg	0.0030	0.0030	0.0030	0.0030	—	—
	骨胶	kg	0.2100	0.0800	0.2600	0.1400	0.1700	0.2300
	熟桐油	kg	0.0100	0.0100	0.0100	0.0100	0.0100	0.0100
	其他材料费(占材料费)	%	1.00	1.00	1.00	1.00	1.00	1.00

第十章　脚手架工程

说　明

一、本章古建脚手架共 100 个子目。

二、本章脚手架各子目所列材料均为一次性支搭材料投入量。

三、本章定额除个别子目外,均包括了相应的铺板,如需另行铺板、落翻板时,应单独执行铺板、落翻板的相应子目。

四、定额中不包括安全网的挂、拆,如需挂、拆安全网时,单独执行相应定额。

五、双排椽望油活架子均综合考虑了六方、八方和圆形等多种支搭方法。

六、正吻脚手架仅适用于玻璃七样以上、布瓦 1.2m 以上吻(兽)的安装及玻璃六样以上的打点。

七、单、双排座车脚手架仅适用于城台或城墙的拆砌、装修之用。如城台之上另有建筑物时,应另执行相应定额。

八、屋面脚手架及歇山排山脚手架均已综合了重檐和多重檐建筑,如遇重檐和多重檐建筑定额不得调整。

九、垂岔脊脚手架适用于各种单坡长在 5m 以上的屋面调修垂岔脊之用,但如遇歇山建筑已支搭了歇山排山脚手架或硬悬山建筑已支搭了供调脊用的脚手架,则不应再执行垂岔脊定额。

十、屋面马道适用于屋面单坡长 6m 以上,运送各种吻、兽、脊件之用。

十一、牌楼脚手架执行双排齐檐脚手架。

十二、大木安装围撑脚手架适用于古建筑木构件安装或落架大修后为保证木构架临时支撑稳定之用。

十三、大木安装起重架适用于大木安装时使用。

十四、防护罩棚脚手架综合了各种屋面形式和重檐、多重檐以及出入口搭设护头棚、上人马道(梯子)、落翻板、局部必要拆改等各种因素,包括双排齐檐脚手架、双排椽望油活脚手架、歇山排山脚手架、吻脚手架、宝顶脚手架等,不包括满堂红脚手架、内檐及廊步装饰掏空脚手架、卷扬机起重架等,以及密目网挂拆、安装临时避雷防护措施,发生时另行计算。

十五、各种脚手架规格及用途见下表。

古建筑脚手架规格及用途一览表

脚手架名称	适用范围	立杆间距(m)	横杆间距(m)	备　注
双排齐檐脚手架	屋面修缮、外墙装修	1.5～1.8	1.5～1.8	包括铺一层板
双排椽望油活脚手架	室外椽飞、上架大木油活	1.5～1.8	1.5～1.8	—
城台单排座车脚手架	墙面打点、刷浆、抹灰	1.5～1.8	1.5～1.8	每层端头铺板
城台双排座车脚手架	墙面打点、刷浆、抹灰	1.5～1.8	1.2～1.8	拆砌步距 1.2m、抹灰步距 1.6m～1.8m
内檐及廊步掏空脚手架	室内不带顶棚装饰	1.5～1.8	1.8	包括错台铺板及端头铺板
歇山排山脚手架	调修歇山垂岔脊及山花博缝板油漆	1.2～1.5	1.2～1.5	三步以下铺一层板,七步以下铺两层板,十步以下铺三层板
满堂红脚手架	室内装修、吊顶修缮	1.5～1.8	1.5～1.8	顶步及四周铺板

脚手架名称	适用范围	立杆间距(m)	横杆间距(m)	备注
屋面支杆	屋面查补	3.0	1.2~1.4	—
正脊扶手盘	正脊勾抹打点	—	—	—
骑马脚手架	檐下无架子或利用不上,为稳定屋面支杆	—	—	—
檐头倒绑扶手	檐下无架子,沿顺垄杆在檐头绑扶手	—	—	—
垂岔脊脚手架	调垂脊、岔脊之用	—	—	—
吻及宝顶脚手架	吻及宝顶之用	1.2	—	琉璃七样以上、布瓦1.2m以上的正吻安装及六样以上打点
卷扬机脚手架	垂直运输	1.2~1.5	1.2~1.5	每结构层铺一层板
斜道	供施工人员行走及少量材料运输	1.0~1.2	1.2	—
落料溜槽	自房顶倒运渣土	—	—	—
防护罩棚综合脚手架	屋面工程、外檐等整体修缮工程	1.5	1.5	—

工程量计算规则

一、双排齐檐脚手架分步数按实搭长度计算，步数不同时应分段计算。

二、城台用单、双排脚手架分步数按实搭长度计算。

三、双排油活脚手架均分步按檐头长度计算。重檐或多重檐建筑以首层檐长度计算，其上各层檐长度不计算。悬山建筑的山墙部分长度以前后台明外边线为准计算长度。

四、满堂红脚手架分步数按实搭水平投影面积计算。

五、内檐及廊步掏空脚手架分步数，以室内及廊步地面面积计算，步数按实搭平均高度为准。

六、歇山排山脚手架自博脊根的横杆起为一步，分步以座计算。

七、屋面支杆按屋面面积计算；正脊扶手盘、骑马架子均按正脊长度，檐头倒绑扶手按檐头长度，垂岔脊架子按垂岔脊长度，屋面马道按实搭长度计算；吻及宝顶架子以座计算。

八、大木安装围撑脚手架以外檐柱外皮连线里侧面积计算，其高度以檐柱高度为准。

九、大木安装起重脚手架以面宽排列中前檐柱至后檐柱连线按座计算，其高度以檐柱高度为准。六方亭及六方亭以上按两座计算。

十、地面运输马道按实搭长度计算。

十一、卷扬机脚手架分搭设高度按座计算。

十二、一字斜道及之字斜道分搭设高度按座计算。

十三、落料溜槽分高度以座计算。

十四、护头棚按实搭面积计算。

十五、封防护布、立挂密目网均按实际面积计算。

十六、安全网的挂拆、翻挂均按实际长度计算。

十七、单独铺板分高度按实铺长度计算，落翻板按实铺长度计算。

十八、防护罩棚综合脚手架按台明外围水平投影面积计算，无台明者按围护结构外围水平投影面积计算。

脚手架工程

工作内容: 准备工具、选料、搭架子、铺板、预留人行通道、拆除、架木码放、场内运输及
清理废弃物。

计量单位:10m

定 额 编 号			1-10-1	1-10-2	1-10-3	1-10-4	1-10-5
项　　　目			双排齐檐脚手架				
			二步	三步	四步	五步	六步
名　　　称		单位	消 耗 量				
人工	合计工日	工日	1.770	1.950	2.300	2.820	3.560
	架子工 普工	工日	0.531	0.585	0.690	0.846	1.068
	架子工 一般技工	工日	0.885	0.975	1.150	1.410	1.780
	架子工 高级技工	工日	0.354	0.390	0.460	0.564	0.712
材料	钢管	m	191.5040	265.3240	356.1440	525.2880	575.0320
	木脚手板	块	18.3750	18.3750	18.3750	18.3750	18.3750
	扣件	个	47.2500	71.4000	94.5000	110.3000	127.1000
	底座	个	13.7000	13.7000	13.7000	13.7000	13.7000
	镀锌铁丝 10#	kg	3.0100	3.0100	3.0100	3.0100	3.0100
	其他材料费(占材料费)	%	1.00	1.00	1.00	1.00	1.00
机械	载重汽车 5t	台班	0.1700	0.2100	0.2600	0.3500	0.3800

工作内容:准备工具、选料、搭架子、铺板、预留人行通道、拆除、架木码放、场内运输及
清理废弃物。

计量单位:10m

定 额 编 号		1-10-6	1-10-7	1-10-8	1-10-9	1-10-10
项 目		双排齐檐脚手架				
		七步	八步	九步	十步	十一步
名 称	单位	消 耗 量				
人工	合计工日	工日	4.420	5.270	6.420	7.840	9.570
	架子工 普工	工日	1.326	1.581	1.926	2.352	2.871
	架子工 一般技工	工日	2.210	2.635	3.210	3.920	4.785
	架子工 高级技工	工日	0.884	1.054	1.284	1.568	1.914
材料	钢管	m	654.1920	836.1040	904.9160	967.4280	1205.8840
	木脚手板	块	18.3750	18.3750	18.3750	18.3750	18.3750
	扣件	个	165.9000	184.8000	201.6000	224.1000	254.1000
	底座	个	13.7000	13.7000	13.7000	13.7000	13.7000
	镀锌铁丝 10#	kg	3.0100	3.0100	3.0100	3.0100	3.0100
	其他材料费(占材料费)	%	1.00	1.00	1.00	1.00	1.00
机械	载重汽车 5t	台班	0.4300	0.5200	0.5600	0.6000	0.7200

工作内容:准备工具、选料、搭架子、铺板、预留人行通道、拆除、架木码放、场内运输及
清理废弃物。

计量单位:10m

定　额　编　号			1-10-11	1-10-12	1-10-13
项　　目			双排齐檐脚手架		
			十二步	十三步	十四步
名　　称		单位	消　耗　量		
人工	合计工日	工日	11.470	12.410	13.340
	架子工 普工	工日	3.441	3.723	4.002
	架子工 一般技工	工日	5.735	6.205	6.670
	架子工 高级技工	工日	2.294	2.482	2.668
材料	钢管	m	1256.3460	1316.6580	1551.6480
	木脚手板	块	19.6880	19.6880	19.6880
	扣件	个	277.2000	304.5000	321.3000
	底座	个	13.7000	13.7000	13.7000
	镀锌铁丝 10#	kg	3.0100	3.0100	3.0100
	其他材料费(占材料费)	%	1.00	1.00	1.00
机械	载重汽车 5t	台班	0.7600	0.8000	0.9300

工作内容：准备工具、选料、搭架子、预留人行通道、三步以下铺一层板、七步以下铺
二层板、十步以下铺三层板并包括逐层翻板、遇重檐建筑还包括绑拉杆、
拆除、架木码放、场内运输及清理废弃物。

计量单位：10m

定 额 编 号		1-10-14	1-10-15	1-10-16	1-10-17	1-10-18
项 目		双排橼望油活脚手架				
		一步	二步	三步	四步	五步
名 称	单位	消 耗 量				
人工	合计工日	工日	2.190	2.610	3.180	4.150	5.280
	架子工 普工	工日	0.657	0.783	0.954	1.245	1.584
	架子工 一般技工	工日	1.095	1.305	1.590	2.075	2.640
	架子工 高级技工	工日	0.438	0.522	0.636	0.830	1.056
材料	钢管	m	157.2000	204.0000	252.6000	338.4000	475.2000
	木脚手板	块	18.5000	18.5000	18.5000	31.5000	31.5000
	扣件	个	20.0000	96.0000	121.0000	173.0000	230.0000
	底座	个	11.0000	11.0000	11.0000	11.0000	11.0000
	镀锌铁丝 10#	kg	2.7000	2.7000	2.7000	5.4000	5.4000
	其他材料费(占材料费)	%	1.00	1.00	1.00	1.00	1.00
机械	载重汽车 5t	台班	0.1450	0.1840	0.2190	0.3080	0.3940

工作内容:准备工具、选料、搭架子、预留人行通道、三步以下铺一层板、七步以下铺二层板、十步以下铺三层板并包括逐层翻板、遇重檐建筑还包括绑拉杆、拆除、架木码放、场内运输及清理废弃物。

计量单位:10m

定　额　编　号			1-10-19	1-10-20	1-10-21	1-10-22
项　　目			双排橡望油活脚手架			
			六步	七步	八步	九步
名　　称		单位	消　耗　量			
人工	合计工日	工日	5.950	7.520	9.510	12.060
	架子工 普工	工日	1.785	2.256	2.853	3.618
	架子工 一般技工	工日	2.975	3.760	4.755	6.030
	架子工 高级技工	工日	1.190	1.504	1.902	2.412
材料	钢管	m	511.2000	555.6000	716.5830	903.0000
	木脚手板	块	31.5000	31.5000	44.7500	44.7500
	扣件	个	262.0000	295.0000	362.0000	426.0000
	底座	个	11.0000	11.0000	11.0000	11.0000
	镀锌铁丝 10#	kg	5.4000	5.4000	8.1000	8.1000
	其他材料费(占材料费)	%	1.00	1.00	1.00	1.00
机械	载重汽车 5t	台班	0.4180	0.4470	0.5890	0.6640

工作内容:准备工具、选料、搭架子、预留人行通道、三步以下铺一层板、七步以下铺
二层板、十步以下铺三层板并包括逐层翻板、遇重檐建筑还包括绑拉杆、
拆除、架木码放、场内运输及清理废弃物。 计量单位:10m

定 额 编 号		1-10-23	1-10-24	1-10-25	1-10-26
项 目		双排椽望油活脚手架			
		十步	十一步	十二步	十三步
名 称	单位	消 耗 量			
合计工日	工日	15.310	19.600	25.080	32.100
人 工 架子工 普工	工日	4.593	5.880	7.524	9.630
架子工 一般技工	工日	7.655	9.800	12.540	16.050
架子工 高级技工	工日	3.062	3.920	5.016	6.420
材 料 钢管	m	1008.0000	1108.8000	1306.8000	1451.4000
木脚手板	块	44.7500	44.7500	44.7500	44.7500
扣件	个	463.0000	494.0000	590.0000	631.0000
底座	个	11.0000	11.0000	11.0000	11.0000
镀锌铁丝 10#	kg	8.1000	10.8000	10.8000	10.8000
其他材料费(占材料费)	%	1.00	1.00	1.00	1.00
机 械 载重汽车 5t	台班	0.7670	0.8290	0.9580	1.0450

工作内容:准备工具、选料、搭架子、铺板、预留人行通道、拆除、架木码放、场内运输及
　　　　清理废弃物。

计量单位:10m

定 额 编 号			1-10-27	1-10-28	1-10-29	1-10-30	1-10-31
项 目			城台用座车脚手架				
			单排				
			二步	三步	四步	五步	六步
名 称		单位	消 耗 量				
人工	合计工日	工日	2.160	3.240	4.320	5.400	6.480
	架子工 普工	工日	0.648	0.972	1.296	1.620	1.944
	架子工 一般技工	工日	1.080	1.620	2.160	2.700	3.240
	架子工 高级技工	工日	0.432	0.648	0.864	1.080	1.296
材料	钢管	m	322.2000	405.0000	559.8000	639.0000	734.4000
	木脚手板	块	17.8500	25.0000	31.5000	38.0000	44.7500
	扣件	个	119.0000	173.0000	237.0000	284.0000	322.0000
	底座	个	12.0000	12.0000	12.0000	12.0000	12.0000
	镀锌铁丝 10#	kg	2.9900	4.5000	6.1000	7.5900	9.0800
	其他材料费(占材料费)	%	1.00	1.00	1.00	1.00	1.00
机械	载重汽车 5t	台班	0.2570	0.3290	0.4420	0.5070	0.5620

工作内容:准备工具、选料、搭架子、铺板、预留人行通道、拆除、架木码放、场内运输及
清理废弃物。

计量单位:10m

定 额 编 号			1-10-32	1-10-33	1-10-34	1-10-35	1-10-36
项 目			城台用座车脚手架				
			双排				
			二步	三步	四步	五步	六步
名 称		单位	消 耗 量				
人工	合计工日	工日	4.320	6.480	8.640	10.800	12.960
	架子工 普工	工日	1.296	1.944	2.592	3.240	3.888
	架子工 一般技工	工日	2.160	3.240	4.320	5.400	6.480
	架子工 高级技工	工日	0.864	1.296	1.728	2.160	2.592
材料	钢管	m	349.2000	448.2000	565.2000	707.4000	801.0000
	木脚手板	块	21.0000	27.5000	34.2500	40.7500	47.2500
	扣件	个	129.0000	182.0000	254.0000	305.0000	372.0000
	底座	个	18.0000	18.0000	18.0000	18.0000	18.0000
	镀锌铁丝 10#	kg	2.9800	4.4900	6.0000	7.5000	9.0000
	其他材料费(占材料费)	%	1.00	1.00	1.00	1.00	1.00
机械	载重汽车 5t	台班	0.2830	0.3650	0.4580	0.5640	0.6450

工作内容：准备工具、选料、搭架子、移动脚手架、临时绑扎天称、挂滑轮、拆除、架木码放、场内运输及清理废弃物。

计量单位：10m

定额编号			1-10-37	1-10-38	1-10-39	1-10-40
项目			大木安装起重脚手架			
			6m 以内	7m 以内	8m 以内	9m 以内
名称		单位	消耗量			
人工	合计工日	工日	5.760	6.300	6.840	7.740
	架子工 普工	工日	1.728	1.890	2.052	2.322
	架子工 一般技工	工日	2.880	3.150	3.420	3.870
	架子工 高级技工	工日	1.152	1.260	1.368	1.548
材料	钢管	m	163.2000	240.0000	332.4000	388.2000
	木脚手板	块	5.0000	7.5000	7.5000	12.5000
	扣件	个	40.0000	50.0000	70.0000	90.0000
	底座	个	6.0000	8.0000	12.0000	16.0000
	镀锌铁丝 10#	kg	2.0000	3.0000	4.2000	5.5000
	其他材料费(占材料费)	%	1.00	1.00	1.00	1.00
机械	载重汽车 5t	台班	0.1160	0.1280	0.1380	0.1530

工作内容:准备工具、选料、搭架子、移动脚手架、临时绑扎天称、挂滑轮、拆除、架木
码放、场内运输及清理废弃物。

计量单位:10m

定 额 编 号			1-10-41	1-10-42	1-10-43
项 目			大木安装起重脚手架		
			10m 以内	12m 以内	15m 以内
名 称		单位	消 耗 量		
人工	合计工日	工日	9.000	10.800	12.900
	架子工 普工	工日	2.700	3.240	3.870
	架子工 一般技工	工日	4.500	5.400	6.450
	架子工 高级技工	工日	1.800	2.160	2.580
材料	钢管	m	438.0000	548.4000	637.2000
	木脚手板	块	15.0000	17.5000	17.5000
	扣件	个	110.0000	130.0000	150.0000
	底座	个	20.0000	24.0000	30.0000
	镀锌铁丝 10#	kg	6.5000	7.5000	8.5000
	其他材料费(占材料费)	%	1.00	1.00	1.00
机械	载重汽车 5t	台班	0.1860	0.3830	0.4350

工作内容:准备工具、选料、搭架子、校正大木构架、拨正、临时支杆打戗、拆除、场内
运输及清理废弃物。

计量单位:10m

定 额 编 号			1-10-44	1-10-45	1-10-46	1-10-47
项 目			大木安装围撑脚手架			
			二步	三步	四步	五步
名 称		单位	消 耗 量			
人工	合计工日	工日	1.440	1.920	2.400	2.880
	架子工 普工	工日	0.432	0.576	0.720	0.864
	架子工 一般技工	工日	0.720	0.960	1.200	1.440
	架子工 高级技工	工日	0.288	0.384	0.480	0.576
材料	钢管	m	123.0000	145.2000	183.6000	214.2000
	木脚手板	块	12.5000	12.5000	12.5000	12.5000
	扣件	个	55.0000	62.0000	78.0000	91.0000
	底座	个	3.0000	3.0000	3.0000	3.0000
	镀锌铁丝 10#	kg	5.0000	8.0000	10.0000	12.0000
	扎绑绳	kg	0.3000	0.3000	0.3000	0.3000
	其他材料费(占材料费)	%	1.00	1.00	1.00	1.00
机械	载重汽车 5t	台班	0.1160	0.1290	0.1530	0.1720

工作内容:准备工具、选料、搭架子、校正大木构架、拔正、临时支杆打戗、拆除、场内
运输及清理废弃物。

计量单位:10m

定 额 编 号			1-10-48	1-10-49	1-10-50
项 目			大木安装围撑脚手架		
			六步	七步	八步
名 称		单位	消 耗 量		
人工	合计工日	工日	3.410	3.840	4.320
	架子工 普工	工日	1.023	1.152	1.296
	架子工 一般技工	工日	1.705	1.920	2.160
	架子工 高级技工	工日	0.682	0.768	0.864
材料	钢管	m	239.4000	295.2000	334.2000
	木脚手板	块	12.5000	12.5000	12.5000
	扣件	个	102.0000	118.0000	131.0000
	底座	个	3.0000	3.0000	3.0000
	镀锌铁丝 10#	kg	15.0000	17.0000	19.0000
	扎绑绳	kg	0.3000	0.3000	0.3000
	其他材料费(占材料费)	%	1.00	1.00	1.00
机械	载重汽车 5t	台班	0.1870	0.2190	0.2420

工作内容:准备工具、选料、搭架子、移动脚手架、临时绑扎天称、挂滑轮、拆除、架木
　　　　码放、场内运输及清理废弃物。

计量单位:10m

定　额　编　号			1-10-51	1-10-52	1-10-53	1-10-54	1-10-55
项　　　　目			满堂红脚手架				
			二步	三步	四步	五步	六步
名　　称		单位	消　耗　量				
人工	合计工日	工日	0.950	1.070	1.200	1.340	1.700
	架子工　普工	工日	0.285	0.321	0.360	0.402	0.510
	架子工　一般技工	工日	0.475	0.535	0.600	0.670	0.850
	架子工　高级技工	工日	0.190	0.214	0.240	0.268	0.340
材料	钢管	m	62.6400	85.3200	130.3800	153.3600	176.0400
	木脚手板	块	15.0000	17.5000	20.0000	21.2500	22.5000
	扣件	个	37.8000	48.3000	57.8000	67.2000	73.5000
	底座	个	2.8000	2.8000	2.8000	2.8000	2.8000
	镀锌铁丝 10#	kg	0.5400	0.7500	1.8900	1.9800	2.1600
	其他材料费(占材料费)	%	1.00	1.00	1.00	1.00	1.00
机械	载重汽车 5t	台班	0.0900	0.1100	0.1500	0.1700	0.1800

工作内容:准备工具、选料、搭架子、垫板、搭架子、铺板、拆除、架木码放、场内运输及
清理废弃物。

计量单位:10m

定 额 编 号			1-10-56	1-10-57	1-10-58	1-10-59	1-10-60
项 目			内檐及廊步装饰掏空脚手架				
			二步	三步	四步	五步	六步
名 称		单位	消 耗 量				
人工	合计工日	工日	1.860	2.600	3.190	3.760	4.340
	架子工 普工	工日	0.558	0.780	0.957	1.128	1.302
	架子工 一般技工	工日	0.930	1.300	1.595	1.880	2.170
	架子工 高级技工	工日	0.372	0.520	0.638	0.752	0.868
材料	钢管	m	126.6000	170.4000	211.8000	241.8000	269.4000
	木脚手板	块	13.2500	15.7500	18.5000	21.0000	23.7500
	扣件	个	49.0000	75.0000	86.0000	112.0000	134.0000
	底座	个	6.0000	6.0000	6.0000	6.0000	6.0000
	镀锌铁丝 10#	kg	2.7400	2.9900	3.2800	3.9900	4.4900
	其他材料费(占材料费)	%	1.00	1.00	1.00	1.00	1.00
机械	载重汽车 5t	台班	0.1180	0.1530	0.1860	0.2140	0.2410

工作内容:准备工具、选料、搭架子、垫板、绑拉杆、立杆、搭架子、铺板、拆除、架木码放、
场内运输及清理废弃物。   计量单位:座

定 额 编 号		1-10-61	1-10-62	1-10-63	1-10-64
项 目		歇山排山脚手架			
		一步	二步	三步	四步
名 称	单位	消 耗 量			
人工 合计工日	工日	3.550	4.960	8.140	9.620
架子工 普工	工日	1.065	1.488	2.442	2.886
架子工 一般技工	工日	1.775	2.480	4.070	4.810
架子工 高级技工	工日	0.710	0.992	1.628	1.924
材料 钢管	m	81.0000	311.4000	355.2000	473.4000
木脚手板	块	5.2500	9.2500	13.2500	18.5000
扣件	个	29.0000	143.0000	187.0000	239.0000
镀锌铁丝 10#	kg	1.0500	1.7600	2.5000	3.5000
其他材料费(占材料费)	%	1.00	1.00	1.00	1.00
机械 载重汽车 5t	台班	0.0670	0.2230	0.2670	0.3550

工作内容:准备工具、选料、搭架子、铺板、拆除、架木码放、场内运输及清理废弃物。

定 额 编 号		1-10-65	1-10-66	1-10-67	1-10-68	1-10-69	1-10-70
项 目		屋面支杆	正脊扶手盘	骑马脚手架	檐头倒绑扶手	垂岔脊脚手架	屋面马道
计量单位		10m²	10m	10m	10m	10m	10m
名 称	单位	消 耗 量					
人工 合计工日	工日	0.910	5.450	4.220	1.510	2.520	7.200
架子工 普工	工日	0.273	1.635	1.266	0.453	0.756	2.160
架子工 一般技工	工日	0.455	2.725	2.110	0.755	1.260	3.600
架子工 高级技工	工日	0.182	1.090	0.844	0.302	0.504	1.440
材料 钢管	m	12.0000	124.8000	88.2000	73.2000	42.6000	250.8000
木脚手板	块	—	13.2500	—	—	8.0000	13.2500
扣件	个	5.0000	80.0000	40.0000	46.0000	17.0000	120.0000
镀锌铁丝 10#	kg	—	2.4200	7.3500	6.8300	1.0500	2.5000
其他材料费(占材料费)	%	1.00	1.00	1.00	1.00	1.00	1.00
机械 载重汽车 5t	台班	0.0070	0.1180	0.0480	0.0430	0.0470	0.1870

工作内容: 准备工具、选料、搭架子、铺板、拆除、架木码放、场内运输及清理废弃物。

定　额　编　号		1-10-71	1-10-72	1-10-73	1-10-74
项　　　目		地面运输马道	吻脚手架	宝顶脚手架	
				1m 以内	1m 以外
计量单位		10m	座	座	座
名　　　称	单位	消　耗　量			
合计工日	工日	2.190	6.700	7.200	10.800
人工 架子工 普工	工日	0.657	2.010	2.160	3.240
架子工 一般技工	工日	1.095	3.350	3.600	5.400
架子工 高级技工	工日	0.438	1.340	1.440	2.160
材料 钢管	m	130.4100	218.4000	234.6000	283.8000
木脚手板	块	23.6250	18.5000	15.7500	26.2500
扣件	个	87.2000	134.0000	88.0000	109.0000
镀锌铁丝 10#	kg	11.7000	3.5000	2.9900	4.7300
其他材料费(占材料费)	%	1.00	1.00	1.00	1.00
机械 载重汽车 5t	台班	0.1600	0.2790	0.1860	0.2490

工作内容:准备工具、选料、搭架子、铺板、拆除、架木码放、场内运输及清理废弃物。 **计量单位:**座

定 额 编 号			1-10-75	1-10-76	1-10-77
项 目			卷扬机起重架		
			二层高	三层高	四层高
名 称		单位	消 耗 量		
人工	合计工日	工日	11.140	14.950	18.550
	架子工 普工	工日	3.342	4.485	5.565
	架子工 一般技工	工日	5.570	7.475	9.275
	架子工 高级技工	工日	2.228	2.990	3.710
材料	钢管	m	410.7600	609.3000	746.7000
	木脚手板	块	13.6500	27.6250	42.0000
	扣件	个	126.0000	189.0000	268.8000
	底座	个	8.4000	8.4000	12.6000
	镀锌铁丝 10#	kg	1.2800	2.5700	3.8600
	钢筋 φ10 以内	kg	—	—	18.7200
	其他材料费(占材料费)	%	1.00	1.00	1.00
机械	载重汽车 5t	台班	0.3000	0.4700	0.6000

工作内容: 准备工具、选料、搭架子、铺板、拆除、架木码放、场内运输及清理废弃物。　　　　　　计量单位:座

定 额 编 号		1-10-78	1-10-79	1-10-80	1-10-81	1-10-82	1-10-83
项 目		钢管之字斜道					
		三步以下	六步以下	九步以下	十二步以下	十五步以下	十八步以下
名 称	单位	消 耗 量					
人工	合计工日	工日	6.760	14.070	25.200	40.320	57.600	75.810
	架子工 普工	工日	2.028	4.221	7.560	12.096	17.280	22.743
	架子工 一般技工	工日	3.380	7.035	12.600	20.160	28.800	37.905
	架子工 高级技工	工日	1.352	2.814	5.040	8.064	11.520	15.162
材料	钢管	m	442.2000	756.0000	1105.8000	1582.2000	1785.6000	2116.8000
	木脚手板	块	35.5000	71.0000	106.2500	141.7500	177.2500	211.0000
	扣件	个	166.0000	276.0000	440.0000	585.0000	718.0000	867.0000
	底座	个	22.0000	22.0000	22.0000	22.0000	22.0000	22.0000
	镀锌铁丝 10#	kg	6.7500	13.5000	20.2400	27.1400	33.7500	40.5500
	板方材	m³	0.0570	0.1130	0.1700	0.2270	0.2800	0.3400
	圆钉	kg	1.5200	2.9800	4.4700	5.9600	7.4700	9.1350
	其他材料费(占材料费)	%	1.00	1.00	1.00	1.00	1.00	1.00
机械	载重汽车 5t	台班	0.3690	0.6640	0.9790	1.3500	1.6000	1.9600

工作内容:准备工具、选料、搭架子、铺板、绑斜戗、绑落料溜槽、拆除、架木码放、
　　　　　场内运输及清理废弃物。　　　　　　　　　　　　　　　　计量单位:座

定　额　编　号			1-10-84	1-10-85	1-10-86	1-10-87	1-10-88
项　　　目			钢管一字斜道	落料溜槽			
				10m 以内	15m 以内	20m 以内	25m 以内
名　　　称		单位	消　耗　量				
人工	合计工日	工日	1.220	9.720	16.200	22.680	29.900
	架子工 普工	工日	0.366	2.916	4.860	6.804	8.970
	架子工 一般技工	工日	0.610	4.860	8.100	11.340	14.950
	架子工 高级技工	工日	0.244	1.944	3.240	4.536	5.980
材料	钢管	m	515.3400	254.0400	356.5800	468.3600	592.2000
	木脚手板	块	55.1250	76.1250	110.2500	149.6250	178.5000
	扣件	个	220.5000	38.9000	67.2000	94.5000	121.8000
	底座	个	29.4000	4.2000	6.3000	8.4000	8.4000
	镀锌铁丝 10#	kg	7.8200	9.9500	13.3000	16.4500	20.2000
	板方材	m³	0.0930	—	—	—	—
	圆钉	kg	2.9900	—	—	—	—
	其他材料费(占材料费)	%	1.00	1.00	1.00	1.00	1.00
机械	载重汽车 5t	台班	0.4900	0.3700	0.5300	0.7200	0.8700

工作内容：准备工具、选料、搭架子、铺板、绑斜戗、绑落料溜槽、拆除、架木码放、场内
运输及清理废弃物。

计量单位：10m²

定　额　编　号		1-10-89	1-10-90	1-10-91	1-10-92
项　　　目		护头棚		封防护布	脚手架立挂密目网
		靠架子搭	独立搭		
名　　称	单位	消　耗　量			
合计工日	工日	1.920	2.400	0.360	0.358
人工　架子工 普工	工日	0.576	0.720	0.108	0.107
架子工 一般技工	工日	0.960	1.200	0.180	0.179
架子工 高级技工	工日	0.384	0.480	0.072	0.072
钢管	m	75.6000	102.6000	—	—
木脚手板	块	13.2500	13.2500	—	—
扣件	个	37.0000	43.0000	—	—
材料　底座	个	2.8000	2.8000	—	—
镀锌铁丝 10#	kg	1.4700	1.4700	4.5000	—
彩条布	m²	12.0000	12.0000	12.0000	—
密目网	m²	—	—	—	10.2500
其他材料费(占材料费)	%	1.00	1.00	1.00	1.00
机械　载重汽车 5t	台班	0.0890	0.1060	—	0.7200

工作内容: 准备工具、选料、搭架子、铺板、绑斜戗、绑落料溜槽、拆除、架木码放、场内
运输及清理废弃物。

计量单位:10m

定 额 编 号		1-10-93	1-10-94	1-10-95	1-10-96	1-10-97
项　目		支撑式安全网		单独铺板		落、翻板
		挂、拆	翻挂	六步以下	六步以上	
名　称	单位	消耗量				
人工 合计工日	工日	0.650	0.470	0.410	0.490	0.230
架子工　普工	工日	0.195	0.141	0.123	0.147	0.069
架子工　一般技工	工日	0.325	0.235	0.205	0.245	0.115
架子工　高级技工	工日	0.130	0.094	0.082	0.098	0.046
材料 钢管	m	32.4000	—	63.0000	63.0000	6.3000
木脚手板	块	—	—	17.8500	17.8500	—
扣件	个	18.0000	—	35.7000	35.7000	4.3000
镀锌铁丝 10#	kg	4.5000	—	2.8400	2.8400	0.6700
安全网	m²	40.5000	—	—	—	—
其他材料费(占材料费)	%	1.00	1.00	1.00	1.00	1.00
机械 载重汽车 5t	台班	0.0300	—	0.1100	0.1100	0.0100

工作内容:准备工具、选料、搭架子、铺板、预留人行通道、搭上人马道(梯子)、铺钉
屋面板、落翻板、局部必要拆改、配合卸载、拆除、架木码放、场内运输及
清理废弃物。

计量单位:10m²

定 额 编 号			1-10-98	1-10-99	1-10-100
项 目			防护罩棚综合脚手架		
			檐柱高4m以下	檐柱高4m~7m	檐柱高7m以上
名 称		单位	消 耗 量		
人工	合计工日	工日	4.996	4.050	5.644
	架子工 普工	工日	1.499	1.215	1.693
	架子工 一般技工	工日	2.498	2.025	2.822
	架子工 高级技工	工日	0.999	0.810	1.129
材料	钢管	m	304.6050	247.4370	342.9270
	木脚手板	块	15.1200	9.3600	7.1100
	扣件	个	140.9400	129.4200	188.2800
	彩钢板 δ0.5	m²	21.6800	18.5000	18.9600
	板方材	m³	0.0540	0.0234	0.0225
	镀锌瓦钉带垫	个	0.3300	0.2880	0.2780
	镀锌铁丝 10#	kg	3.4380	2.0844	1.9017
	其他材料费(占材料费)	%	1.00	1.00	1.00
机械	载重汽车 5t	台班	0.5310	0.4150	0.5490

附录 传统古建筑常用灰浆配合比表

计量单位:m³

序　号		1	2	3	4	5	6
灰浆名称		掺　灰　泥					
		3：7	4：6	5：5	6：4	7：3	8：2
材料名称	单位	消　耗　量					
熟石灰	kg	196.2000	261.6000	327.0000	392.4000	457.8000	523.2000
黄土	m³	0.9200	0.7800	0.6500	0.5300	0.3900	0.2600

计量单位:m³

序　号		7	8	9	10	11
灰浆名称		麻刀灰	大麻刀白灰	中麻刀白灰	小麻刀白灰	护板灰
材料名称	单位	消　耗　量				
熟石灰	kg	654.0000	654.0000	654.0000	654.0000	654.0000
麻刀	kg	13.5000	49.5400	29.7200	23.1200	16.5100

计量单位：m³

序 号		12	13	14	15	16	17
灰浆名称		浅月白大麻刀灰	浅月白中麻刀灰	浅月白小麻刀灰	深月白大麻刀灰	深月白中麻刀灰	深月白小麻刀灰
材料名称	单位	消耗量					
熟石灰	kg	654.0000	654.0000	654.0000	654.0000	654.0000	654.0000
青灰	kg	85.0000	85.0000	85.0000	98.4000	98.4000	98.4000
麻刀	kg	48.8600	29.0400	22.4000	49.5400	29.7200	23.1200

计量单位：m³

序 号		18	19	20	21	22
灰浆名称		大麻刀红灰	中麻刀红灰	小麻刀红灰	红素灰	大麻刀黄灰
材料名称	单位	消耗量				
熟石灰	kg	654.0000	654.0000	654.0000	654.0000	654.0000
氧化铁红	kg	42.5100	42.5100	42.5100	42.5100	—
地板黄	kg	—	—	—	—	42.5100
麻刀	kg	49.5400	29.7200	23.1200	—	49.5400

计量单位:m³

序　号	23	24	25	26	27	28
灰浆名称	老浆灰	桃花浆	深月白浆	浅月白浆	素白灰浆	油灰
材料名称	单位	消　耗　量				
熟石灰	kg	654.0000	196.2000	654.0000	654.0000	654.0000	—
青灰	kg	163.5000	—	98.3000	85.0000	—	—
黄土	m³	—	0.9100	—	—	—	—
白灰	kg	—	—	—	—	—	134.7200
面粉	kg	—	—	—	—	—	218.4000
生桐油	kg	—	—	—	—	—	392.9000

计量单位:m³

180

主　管　单　位：陕西省建设工程造价总站
主　编　单　位：西安市古代建筑工程公司
编　制　人　员：原　波　胡永青　郑　珠　高志军　郑晓祎　王　戈　赵　鹏　陈　静　曹　振
审　查　专　家：胡传海　王海宏　胡晓丽　董士波　王中和　杨廷珍　张红标　刘国卿　毛宪成
　　　　　　　　王亚晖　范　磊　付卫东　孙丽华　刘　颖　丁　燕　高小华　林其浩　万彩林
　　　　　　　　王　伟
软件操作人员：赖勇军　孟　涛